Francis Sesugh Vihishima

AVALIAÇÃO DO IMPACTO DAS INUNDAÇÕES DE 2022 NA PRODUÇÃO DE ARROZ

Francis Sesugh Vihishima

AVALIAÇÃO DO IMPACTO DAS INUNDAÇÕES DE 2022 NA PRODUÇÃO DE ARROZ

A planície de inundação da cidade de Buruku em perspetiva

ScienciaScripts

Imprint

Cover image: www.ingimage.com

This book is a translation from the original published under ISBN 978-620-8-42300-1.

Publisher:
Sciencia Scripts
is a trademark of
Dodo Books Indian Ocean Ltd. and OmniScriptum S.R.L publishing group

120 High Road, East Finchley, London, N2 9ED, United Kingdom
Str. Armeneasca 28/1, office 1, Chisinau MD-2012, Republic of Moldova, Europe
Managing Directors: Ieva Konstantinova, Victoria Ursu
info@omniscriptum.com

Printed at: see last page
ISBN: 978-620-8-63476-6

ÍNDICE

AVALIAÇÃO DO IMPACTO DAS INUNDAÇÕES DE 2022 NA PRODUÇÃO DE ARROZ

A planície de inundação da cidade de Buruku em perspetiva

BY

FRANCIS SESUGH VIHISHIMA

RESUMO

Este estudo investiga o efeito das inundações de 2022 na produção de arroz na planície de inundação da cidade de Buruku. As inundações de 2022 na Nigéria tiveram um impacto profundo na produção agrícola, particularmente no cultivo de arroz, que é um alimento básico e uma cultura de rendimento significativa para muitas comunidades. A cidade de Buruku, localizada no estado de Benue, serve como uma área crítica para o cultivo de arroz e a segurança alimentar local. De acordo com os resultados recolhidos junto de 250 inquiridos, as inundações resultaram de chuvas intensas e de sistemas de drenagem deficientes, levando à inundação generalizada de terrenos agrícolas. Os campos de arroz ficaram submersos, causando a perda imediata de culturas que se encontravam em fase de plantação ou de colheita. As avaliações preliminares indicaram que cerca de 60% das explorações de arroz foram afectadas, levando a perdas económicas substanciais para os agricultores que dependem desta cultura para a sua subsistência. O estudo conclui que devem ser criados sistemas de drenagem adequados para reduzir o efeito das inundações no futuro.

CAPÍTULO UM

INTRODUÇÃO

1.1. Antecedentes do estudo

As inundações são um fenómeno antigo cuja frequência parece estar a aumentar nas últimas duas décadas. O aumento da frequência das inundações em todo o mundo está associado às alterações climáticas, ao aquecimento geral que dá origem a chuvas fortes, ao degelo das calotes polares e à subida do nível do mar (Ogbu et al., 2019). A preocupação com as inundações é pertinente porque, na maioria dos casos, têm efeitos devastadores nas culturas, no gado e até nas vidas humanas. Na sua devastação, mesmo as culturas tolerantes à água, como o arroz e a cana-de-açúcar, não são poupadas. Uma vez submersas, as culturas são arrancadas e arrastadas ou apodrecem, por vezes a vida aquática alimenta-se delas.

As inundações são geralmente consideradas como fenómenos hidrológicos extremos, em que há um excesso de água que pode ter efeitos devastadores. De acordo com Ayoade (2012), as inundações nos trópicos são consideradas de natureza parcial ou totalmente climatológica, uma vez que resultam de chuvas torrenciais. As inundações ocorrem na Nigéria sob três formas principais: inundações costeiras, inundações fluviais e inundações urbanas. As inundações costeiras ocorrem na faixa baixa de mangais e pântanos de água doce ao longo da costa. É tipicamente uma função de tempestades, ondas (impulsionadas pelo vento) e chuvas fortes.

As cheias fluviais são uma função da precipitação e dos volumes de escoamento no vale do rio. Ocorre na planície de inundação dos rios maiores, onde as inundações repentinas de curta duração são associadas a rios nas zonas terrestres onde as chuvas fortes repentinas podem causar torrentes destrutivas num curto espaço de tempo. As inundações urbanas, por outro lado, ocorrem nas cidades, em terrenos planos ou de baixa altitude, especialmente onde pouca ou nenhuma provisão foi feita para drenagem de superfície ou onde a drenagem existente foi bloqueada com resíduos municipais e sedimentos de solo erodidos (Ali, 2010). Ocorrem inundações fluviais na cidade de Buruku.

A natureza das catástrofes provocadas pelas cheias e os seus efeitos dependem das condições naturais e artificiais das planícies aluviais, do desenvolvimento económico e da instalação de medidas de controlo das cheias que têm dimensões políticas, económicas e sociais, bem como aspectos de engenharia. Assim, as catástrofes provocadas por inundações podem ser descritas por vários parâmetros, incluindo a extensão da inundação, a profundidade da água, a velocidade do fluxo, a duração, a preparação e a vulnerabilidade (Nigeria Hydrological Service Agency (NIHSA), 2013). Entre todas as formas de catástrofes naturais, as inundações têm a maior frequência de ocorrência, uma cobertura mais alargada e os maiores efeitos em todo o mundo. As inundações têm causado graves desastres a vidas humanas e propriedades (PNUA, 2003).

O arroz é uma cultura aquática e é maioritariamente cultivado em condições de submersão ou de lagoas variáveis. As variações na profundidade da água devido à irregularidade do nivelamento, especialmente em arrozais de grandes dimensões, afectam frequentemente o crescimento e o rendimento do arroz (Abou et al., 2006). A profundidade da água é um parâmetro importante para a previsão do crescimento e do rendimento do arroz. Diferentes variedades de arroz reagem de forma diferente a vários níveis de água. Da mesma forma, o seu comportamento morfológico difere em vários níveis de água, altura da planta, número de folhas, comprimento da panícula da semente, tamanho da semente, número de espiguetas e muitos outros (Ogbu et al., 2019).

O arroz é um dos principais alimentos de base na Nigéria e no mundo em geral. A sua procura para consumo interno e exportação para retorno de divisas está a aumentar, apesar da baixa produção interna (Ogbu et al., 2019). Esta baixa produção pode ser parcialmente atribuída a incessantes quebras de colheitas nos últimos tempos devido a padrões de precipitação erráticos e imprevisíveis e a solos de terras altas gravemente erodidos que se verificam atualmente em todo o país devido às alterações climáticas globais.

De acordo com Ajibade, Babatunde, Ajibade e Ayinde (2015), as inundações contribuem para um terço de toda a destruição de explorações agrícolas, um terço de toda a quebra de colheitas e um terço de todos os danos causados por catástrofes naturais. No entanto, demasiadas condições meteorológicas, como trovoadas, ventos fortes e inundações, danificam as terras agrícolas e podem provocar a quebra de colheitas entre os pequenos agricultores. As inundações representam, a nível mundial, um enorme perigo para as explorações agrícolas e para o gado. Todos os anos causam enormes prejuízos em todo o mundo. Na última década do século XX, as inundações mataram cerca de 100 000 pessoas e afectaram mais de 1,4 mil milhões de pessoas (Onyekwere et al., 2021). Consequentemente, as inundações podem causar prejuízos económicos e danos aos ecossistemas e aos valores históricos e culturais.

Desde 2012, tem havido incidências de fortes inundações em várias partes da Nigéria, que fizeram reféns as vidas dos agricultores rurais e os seus bens, rendimentos, actividades de produção, transportes e saúde foram automaticamente expostos aos efeitos negativos (Adesiji, Tyabo, Ibrahim, Fabiyi e Aladele, 2013). Em consequência dos danos causados pela incidência das inundações, o governo, em conjunto com as Organizações Não Governamentais (ONG), veio em socorro dos pequenos agricultores rurais com algumas necessidades sentidas. Ajibade, et al (2015) sustentou que os agricultores nigerianos estão envolvidos na agricultura a um nível de subsistência, sendo a maioria deles pequenos agricultores (detentores) e é ainda mais interessante notar que a maioria destes agricultores não subscreve ativamente apólices de seguro que teriam dado algum tipo de rede de segurança em caso de circunstâncias adversas e imprevistas. Isto faz com que não tenham nada em que se apoiar quando ocorrem circunstâncias imprevistas como inundações.

Os recursos ambientais de Buruku, sobretudo a terra e o solo, estão fortemente ameaçados pelas inundações. Esta ameaça de inundação destruiu terras aráveis para fins agrícolas, que são as principais actividades económicas das populações rurais. O governo, na sua tentativa de conter a situação, construiu um sistema de drenagem a alguns metros da estrada principal para redirecionar e canalizar toda a água que flui para a área para o sistema de drenagem que é esvaziado no rio. Apesar de todos estes esforços, a situação mantém-se inalterada. As áreas que foram altamente modificadas pela atividade humana tendem a sofrer mais efeitos deletérios das inundações. As inundações tendem a degradar ainda mais os sistemas já degradados. A remoção da vegetação dentro e à volta dos rios, o aumento do tamanho dos canais, as barragens, a limpeza das margens dos diques e das bacias hidrográficas contribuem para a degradação das encostas, dos rios e das planícies aluviais, e aumentam a erosão e a transferência de sedimentos e nutrientes (Suleiman, Matazu, Davids e Mozie, 2014). Embora a ciclagem de sedimentos e nutrientes seja essencial para um sistema saudável, o excesso de sedimentos e nutrientes que entram num curso de água tem efeitos negativos na qualidade da água a jusante. Outros efeitos negativos incluem a perda de habitat, a dispersão de espécies de ervas daninhas, a libertação de poluentes, a diminuição da produção de peixe, a perda da função das zonas húmidas e a perda de áreas recreativas.

As planícies de inundação em Buruku são relativamente planas, em grande parte com leitos aluviais horizontais, ocupando uma grande parte do fundo do vale, adjacente ao canal do rio, separadas por margens que podem ser delimitadas por diques, normalmente cobertas por sedimentos consolidados. Trata-se de sistemas dinâmicos que são moldados pela erosão e deposição repetidas de sedimentos, pela inundação durante a subida do nível das águas e por processos complexos de troca entre águas subterrâneas e águas superficiais. É importante compreender as propriedades únicas dos solos das planícies inundadas para uma melhor gestão dos fertilizantes para o arroz. Isto porque o arroz é predominantemente cultivado em condições de zonas húmidas. Quando o solo é inundado, ocorrem grandes alterações químicas e electroquímicas. Estas reacções têm normalmente profundas influências nas transformações dos nutrientes do solo e na disponibilidade para o arroz cultivado em condições de zonas húmidas (Ogbu et al., 2019).

A necessidade de aumentar a produção local exige o cultivo extensivo sob um sistema mecanizado (Ray et al., 2013). Na agricultura de precisão, são necessários dados sobre o terreno e a fertilidade. Estima-se que 75% das terras de arroz são zonas húmidas onde o arroz cresce em campos inundados durante parte ou durante toda a estação de crescimento

(Ogbu et al., 2019). O cultivo tradicional de arroz em zonas húmidas pode ser considerado sustentável devido ao seu rendimento moderado mas estável, que tem sido mantido durante muitos anos sem efeitos adversos no solo (Haefele et al. 2014; Lawal et al. 2014). As planícies inundadas são geralmente consideradas como boas terras agrícolas devido aos depósitos sazonais de aluviões ricos que reabastecem o estado de nutrientes do solo (Biller e Bruland 2013; Brierley e Fryirs 2013; Kyuma 2015; Patrick 2020). Os campos de arroz em zonas húmidas favorecem o crescimento e as actividades das bactérias fixadoras de azoto (Vignesh et al. 2015)

A extensão dos danos causados pelas inundações no arroz está relacionada com, pelo menos, três factores. A temperatura da água, o volume de água e a duração da inundação. A temperatura afecta a velocidade da respiração. Quanto mais rápida for a respiração, mais rapidamente o oxigénio se esgota e mais cedo começa a fermentação. A água quente acelera a respiração, a utilização do oxigénio e a morte das células. Quanto mais rápido a água se move, maior é o grau de turbulência. Esta turbulência da água oxigena-a ligeiramente. O aumento do teor de oxigénio da água diminui ligeiramente o efeito do alagamento nas plantas. A duração da inundação é importante porque muitos dos efeitos da falta de oxigénio nas plantas são reversíveis se a duração não for demasiado longa. Longas durações permitem uma maior depleção de oxigénio e a acumulação de químicos nocivos. Embora as condições locais influenciem os efeitos, 36 a 48 horas é frequentemente o limite tolerável (Agbonkhese, Agbonkhese, Aka Joe-Abaya, Ocholi e Adekunle, 2014).

Os incidentes de inundações dos últimos anos têm sido devastadores e continuam a representar um sério desafio para a produção alimentar, a segurança alimentar e os meios de subsistência. "Em 2020, as inundações afectaram 320 áreas governamentais locais em 35 estados, incluindo a FCT, deslocaram mais de 129 000 pessoas, mataram 68 pessoas e destruíram muitas propriedades e terrenos agrícolas" (Patrick, 2020). Em 2021, a ONU informou que mais de 100 000 pessoas foram diretamente afectadas pelas inundações repentinas só no Estado de Adamawa (Onyekwere et al., 2021). Os números do governo em setembro de 2022 mostram que cerca de 600 pessoas morreram e 1.546 ficaram feridas e mais de 100.000 pessoas foram deslocadas pelas cheias em toda a Nigéria entre fevereiro e setembro de 2022. Olhando para estes números, é óbvio que as perdas causadas pelas inundações são piores do que a pandemia de COVID-19.

As planícies aluviais em Buruku são caracterizadas por inundações anuais contínuas entre agosto e novembro Adashu (2014). Consequentemente, as alterações no uso da terra e nas práticas agrícolas resultaram no esgotamento da matéria orgânica do solo, na extração de nutrientes e na degradação do solo.

Apesar da importância reconhecida dos eventos de inundação na formação dos sistemas agrícolas, continua a existir uma lacuna notável na compreensão do efeito específico das inundações na produção de arroz na planície de inundação da cidade de Buruku. Esta investigação procura preencher esta lacuna, fornecendo provas empíricas e conhecimentos sobre os efeitos diretos e indirectos do evento de inundação de 2022 em indicadores-chave do cultivo do arroz, tais como a produção agrícola (Abiodun & Ayegba, 2022).

É por isso que este estudo tem por objetivo avaliar o efeito das inundações de 2022 na produção de arroz na planície de inundação da cidade de Buruku.

1.2. Declaração do problema de investigação

As inundações são um desafio ambiental generalizado que apresenta riscos agrícolas significativos, particularmente nos países em desenvolvimento onde a capacidade de adaptação é frequentemente limitada (Adelekan e Asiyanbi, 2016). Na Nigéria, a frequência e a intensidade das inundações aumentaram nos últimos anos, tendo as inundações de 2022 sido particularmente devastadoras (Nkeki e Akpu, 2023). Embora as inundações possam ter impactos positivos e negativos nos sistemas agrícolas, a inundação excessiva conduz frequentemente a perdas substanciais de colheitas e à degradação dos solos a longo prazo

(Olomola, Mogues, Olofinbiyi, Nwoko, Udoh, Alabi, Onu e Woldeyohannes, 2020).

A produção de arroz, uma componente crucial do sector agrícola da Nigéria, é particularmente vulnerável a perturbações relacionadas com as cheias. Estudos recentes demonstraram que as inundações prolongadas podem criar condições anaeróbicas no solo, levando à morte de microrganismos benéficos e à acumulação de compostos tóxicos que prejudicam o crescimento das culturas (Yaduvanshi, Sharma, Pareek e Chaudhary, 2019). Além disso, as inundações podem arrastar a camada superficial do solo, rica em nutrientes, reduzindo a fertilidade do solo e comprometendo o uso sustentável da terra (Akintonde, Ogunleye, Adeola e Ojo, 2019).

A bacia do rio Benue, conhecida pelas suas extensas planícies aluviais e pela sua contribuição significativa para a produção de arroz da Nigéria, tem sido repetidamente afetada por inundações. No entanto, os efeitos destas inundações nos sistemas agrícolas locais, nomeadamente na produção de arroz, não foram estudados de forma exaustiva. Embora existam avaliações gerais dos impactos das cheias (Nkeki e Akpu, 2023), há uma notável falta de investigação que examine os efeitos específicos das cheias de 2022 na produção de arroz em zonas agrícolas fundamentais como Buruku Town.

Esta lacuna de conhecimento é particularmente significativa dada a gravidade e a extensão das inundações de 2022. Relatórios preliminares indicam danos generalizados em terras agrícolas e infraestruturas em vários estados (Olorunfemi, Gbadegesin, Raheem, Aderogba, Raheem, Eludoyin e Akinwale, 2023), mas análises detalhadas dos impactos em culturas e locais específicos são limitadas. As condições locais únicas da planície aluvial de Buruku Town, combinadas com a natureza sem precedentes das cheias de 2022, podem ter resultado em impactos diferentes dos observados em cheias anteriores ou noutras regiões.

A compreensão destes efeitos localizados é crucial para o desenvolvimento de estratégias eficazes de gestão das inundações e para o reforço da resiliência dos sistemas agrícolas. Dado que se prevê que as alterações climáticas aumentem a frequência e a gravidade dos fenómenos meteorológicos extremos, incluindo as inundações (Ayanlade, Fawole, Ayanlade, Akintola e Ilesanmi, 2022), há uma necessidade urgente de estudos empíricos que possam servir de base a medidas de adaptação em regiões agrícolas vulneráveis.

1.3. Questões de investigação

I. Qual foi a extensão das inundações de 2022 na zona?

II. Qual era a extensão do cultivo de arroz na área de estudo em 2022?

III. Qual foi o efeito das inundações na produção de arroz da região?

IV. Como é que os produtores de arroz lidaram com as inundações de 2022 na região?

V. Que medidas de atenuação podem controlar o efeito das inundações na produção de arroz na zona?

1.4. Finalidade e objectivos do estudo

O estudo teve como objetivo avaliar o efeito das inundações de 2022 na produção de arroz na planície de inundação de Buruku. Os objectivos da investigação foram os seguintes

I. Determinar a extensão das inundações de 2022 na zona de estudo;

II. Analisar a extensão da cultura do arroz na zona em 2022;

III. Examinar o efeito das inundações de 2022 na produção de arroz da região;

IV. Examinar as estratégias adoptadas pelos agricultores para fazer face às inundações na zona;

V. Sugerir medidas de atenuação para controlar o efeito das inundações na produção de arroz na zona.

1.5. O significado do estudo

A investigação sobre os efeitos das inundações de 2022 na produção de arroz na planície aluvial da cidade de Buruku é de extrema importância no contexto da adaptação às alterações climáticas e da segurança alimentar. Como as alterações climáticas continuam a intensificar os fenómenos meteorológicos extremos, incluindo as inundações, a compreensão dos seus efeitos na produção agrícola torna-se cada vez mais crucial. Zhang et al. (2023) enfatizam a necessidade de estudos específicos de locais para informar estratégias de adaptação eficazes face à crescente variabilidade climática. Este estudo contribui para este corpo vital de conhecimento, concentrando-se numa cultura básica que constitui a base nutricional para milhões de pessoas em todo o mundo. Sarker et al, (2022) salienta que a compreensão destes efeitos é essencial para o desenvolvimento de sistemas alimentares resilientes em áreas vulneráveis. Ao examinar os efeitos das inundações na produção de arroz na cidade de Buruku, esta investigação fornece informações valiosas sobre potenciais ameaças à segurança alimentar local e regional, abordando uma lacuna crítica na nossa compreensão das interações clima-agricultura neste contexto geográfico específico.

As implicações económicas deste estudo são significativas, particularmente dada a importância do sector agrícola, e especificamente do cultivo de arroz, em muitas economias locais. Os resultados sobre a extensão das inundações e os seus efeitos na produção de arroz irão iluminar as vulnerabilidades económicas da área. Alam et al. (2021) sublinham a importância de tais análises para informar as políticas económicas e os mecanismos de apoio às comunidades afectadas. Além disso, ao examinar as estratégias de enfrentamento adotadas pelos agricultores em resposta às inundações, este estudo contribui para a nossa compreensão da resiliência da comunidade em face dos desafios ambientais. Isto alinha-se com a investigação recente de Nguyen et al. (2024), que enfatiza a importância de documentar e analisar as práticas adaptativas locais nas comunidades agrícolas. Os conhecimentos adquiridos com este estudo podem informar intervenções direcionadas e programas de apoio para aumentar a resiliência e a capacidade de adaptação dos agricultores.

As implicações políticas desta investigação não podem ser sobrestimadas. Rahman e Ahmad (2022) observaram que a elaboração de políticas baseadas em provas é crucial para a gestão eficaz das inundações e a sustentabilidade agrícola. As conclusões deste estudo têm o potencial de informar as decisões políticas a nível local, regional e nacional. Ao fornecer uma análise abrangente do evento de inundação de 2022 e dos seus impactos, esta investigação oferece um contributo valioso aos decisores políticos e aos planeadores agrícolas. As sugestões do estudo para medidas de mitigação poderiam orientar o desenvolvimento de estratégias de gestão de inundações mais eficazes e políticas agrícolas adaptadas às necessidades específicas de áreas propensas a inundações como a cidade de Buruku.

Esta investigação alinha-se ainda com vários Objectivos de Desenvolvimento Sustentável (ODS) das Nações Unidas, particularmente o ODS 2 (Fome Zero), ODS 13 (Ação Climática), e ODS 15 (Vida na Terra). Jha et al. (2021) salientam que os estudos localizados sobre os impactos climáticos e a resiliência agrícola são essenciais para alcançar estes objectivos globais. Ao fornecer informações aprofundadas e específicas do contexto sobre os desafios enfrentados pelos produtores de arroz em áreas propensas a inundações, este estudo contribui para o esforço global mais amplo de criar sistemas alimentares sustentáveis e resilientes face às alterações climáticas e também estabelece as bases para futuras direcções de investigação no domínio das alterações climáticas e da agricultura. Serve de base para estudos longitudinais sobre os impactes das alterações climáticas e a adaptação agrícola, colmatando uma lacuna identificada por Wilson et al. (2024) em estudos a longo prazo de regiões agrícolas propensas a inundações. Os dados exaustivos recolhidos e analisados neste estudo fornecerão pontos de referência valiosos para futuros investigadores, permitindo-lhes acompanhar as alterações ao longo do tempo e avaliar a eficácia a longo prazo das estratégias de adaptação.

A importância deste estudo reside na sua contribuição multifacetada para a nossa compreensão dos efeitos das cheias na produção de arroz e no seu potencial para informar estratégias de adaptação climática, apoiar iniciativas de segurança alimentar, e orientar decisões políticas. A sua abordagem integrada e o seu enfoque num contexto geográfico específico fazem dele uma adição valiosa à literatura existente sobre alterações climáticas e agricultura. Os conhecimentos adquiridos com esta investigação têm o potencial de melhorar a resiliência das comunidades agrícolas, aumentar a segurança alimentar e contribuir para o desenvolvimento sustentável face aos crescentes desafios climáticos.

1.6. Âmbito do estudo

O estudo limitou-se à planície de inundação da cidade de Buruku, situada no Estado de Benue, na Nigéria. Esta área foi selecionada devido à sua importância na produção de arroz e à sua vulnerabilidade às inundações. A investigação abrangeu toda a região da planície de inundação dentro dos limites administrativos de Buruku Town, cobrindo aproximadamente 87,28 hectares.

A investigação concentra-se principalmente no evento de inundação de 2022 e nas suas consequências imediatas. Este período foi escolhido por ser a ocorrência de inundação mais recente e significativa na área. No entanto, para fornecer contexto e permitir uma análise comparativa, a investigação considerou dados de produção de arroz do ano anterior. Isto alinha-se com a abordagem sugerida por Eekhout e de Vente (2022), que enfatizaram a importância do contexto temporal em estudos de impacto de cheias para identificar tendências e padrões.

Embora a área de estudo apoie várias actividades agrícolas, o estudo não se estendeu a outras culturas ou actividades agrícolas na região, mantendo uma abordagem focada na produção de arroz. O arroz, sendo uma cultura básica e frequentemente cultivada em áreas propensas a inundações, serve como um tema ideal para avaliar os efeitos das inundações na agricultura (Nguyen et al., 2020). A investigação examinou aspectos como a extensão das inundações na área de estudo durante o evento de 2022, a área cultivada com arroz em 2022, os efeitos diretos e indirectos das inundações na produção de arroz, incluindo danos nas culturas, redução da produção e estratégias de sobrevivência adoptadas pelos agricultores locais em resposta às inundações, bem como potenciais medidas de mitigação para reduzir o efeito das inundações na produção de arroz.

O estudo não incluiu residentes urbanos ou agricultores envolvidos noutras actividades agrícolas, ensaios de campo experimentais ou monitorização a longo prazo, centrando-se antes na avaliação e análise pós-evento. Também não se debruçou sobre questões mais amplas de mitigação das alterações climáticas ou de reforma da política agrícola a longo prazo.

1.7. Área de estudo

1.7.1. Localização

A planície de inundação de Buruku, na cidade de Buruku, situa-se no distrito de Mbaapen, na área do governo local de Buruku, no estado de Benue, na Nigéria. A planície de inundação de Buruku situa-se entre a latitude 7° 27′ 0″ N e 7° 28′30″ N e a longitude 9° 11′30″ E-9° 12′45″ R. É delimitada pelo rio Katsina-Ala a leste e pela cidade de Buruku a oeste.

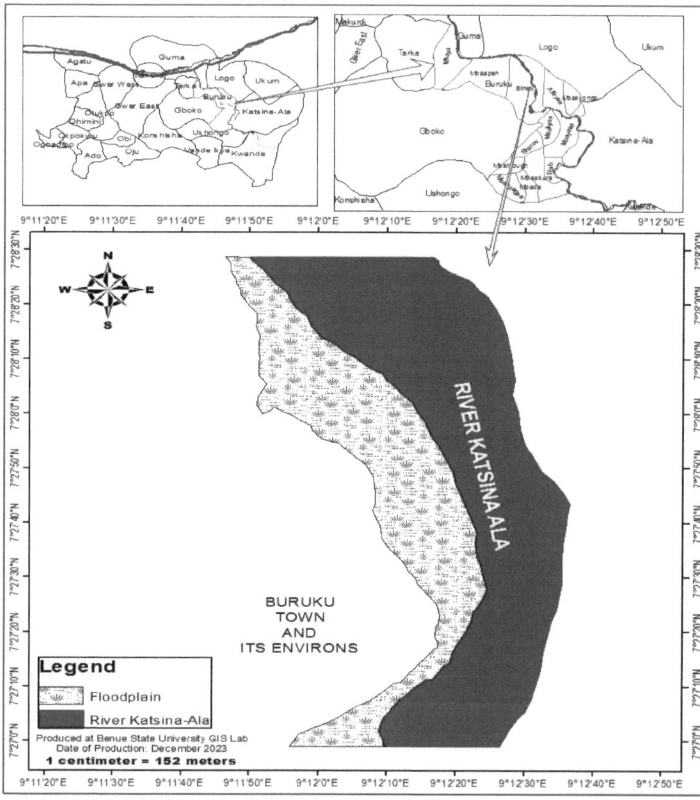

Figura 1: Planície de inundação de Buruku
Fonte: Laboratório SIG da Universidade Estatal de Benue, Makurdi.

1.7.2. Geologia

A planície de inundação de Buruku é dominada por solos ferruginosos. Em termos de textura, os solos da planície de inundação do rio Katsina-Ala na planície de inundação de Buruku variam de arenosos a argilosos. Em muitos locais, os solos são de areia grossa e solta, com menor estabilidadc dos agregados. Os solos são predominantemente arenosos profundos. A dominância de partículas de areia diminui a influência que a fração de argila pode ter nos parâmetros físicos e químicos, diminuindo assim a sua porosidade (Nyagba, 1995).

1.7.3. Topografia

A topografia e as caraterísticas físicas da planície de inundação de Buruku na cidade de Buruku são caracterizadas por rios: Rio Ambighir, Rio Amile e muitos outros. Riachos, lagoas, zonas pantanosas, solos soltos e florestas densas, entre outros. A localização de Buruku é 7.460 graus de latitude, 9.205 graus de longitude e uma elevação de 305 pés. Uma mudança máxima de elevação de 203 pés e uma elevação média acima do nível do mar de 350 pés são encontradas na topografia dentro de duas milhas de Buruku, respetivamente (Enciclopédia, 2020). Existem apenas pequenas alterações de altura num raio de 10 quilómetros (561 pés). Existem diferenças substanciais de altitude num raio de 50 quilómetros (3.520 pés).

1.7.4. Clima e vegetação

A planície de inundação de Buruku, na cidade de Buruku, tem um clima tropical húmido e seco (Aw), de acordo com o sistema de classificação de Koppen. A área tem duas estações principais: a estação chuvosa e a estação seca, a formal começa no final de abril e dura até ao início de outubro e é acompanhada por tempestades de chuva. Esta estação chuvosa dura cerca de sete meses (abril a outubro) com uma precipitação média anual de cerca de 1000 mm a 1300 mm, enquanto a estação seca dura cerca de cinco meses (novembro a março) (Tyubee, 2010). A distribuição sazonal da precipitação na área é unimodal, com a precipitação mais elevada a ocorrer em agosto e setembro. A precipitação sazonal apresenta-se sob a forma de aguaceiros violentos e convencionais, que constituem um agente ativo de desprendimento e transporte do solo, sobretudo quando a superfície está exposta.

A temperatura da zona é geralmente elevada durante o dia ao longo do ano. Os dois períodos de picos de temperatura na área são ultimamente em março e no início de abril (Estação Meteorológica AOCAT, 2016). A humidade relativa registada na área é mais elevada durante as estações húmidas e baixa durante a estação seca. A área de estudo recebe luz solar abundante devido à sua localização nos trópicos. Este facto também influencia o tipo de precipitação convencional que ocorre na área.

A planície de inundação do rio Katsina-Ala na planície de inundação de Buruku está situada na savana da Guiné e a sua vegetação é caracterizada como a de locais dentro da zona. Mas como resultado da interferência humana no ambiente, incluindo a urbanização, a vegetação natural da área quase desapareceu, com apenas algumas espécies de plantas naturais vistas em alguns locais não construídos dentro da área. As espécies de plantas comuns encontradas na zona são plantadas artificialmente, incluindo mangueiras de diferentes espécies, papaieiras, cajueiros, goiabeiras, gmalinas e erva-carpete. A mudança drástica na vegetação natural da área é igualmente atribuída à mudança de uso da terra da agricultura camponesa para a colonização.

1.7.5. Pessoas e cultura

Uma percentagem razoável do povo Buruku é alfabetizada, Buruku produziu um grupo de professores que estão a servir a vários níveis, tanto no país como na diáspora, e também produziu um catálogo de profissionais médicos e administradores, bem como funcionários públicos que estão a contribuir em grande número para o crescimento da nação Nigéria.

Socialmente, a população da planície de inundação de Buruku possui um rico património cultural, geralmente expresso através das suas famosas danças culturais. Outras áreas onde a cultura do povo é esplendidamente exibida são as cerimónias de casamento, as ocasiões festivas como o Natal, quando os mascarados entretêm o público

1.7.6. Agricultura

A profissão de agricultor do povo de Buruku nunca é demais. Buruku é basicamente uma zona agrária; é um dos principais produtores de produtos agrícolas em Benue, fazendo assim do Estado de Benue o cabaz alimentar da nação. As terras de Buruku são geralmente férteis. É a cidade mais segura a que se pode recorrer para obter alimentos e culturas de rendimento. Buruku tem uma produção agrícola diversificada que inclui: arroz, feijão, caju, mandioca, inhame, quiabo, palmeira, cacau, goiaba, papaia, soja, amendoim, peixe seco, peixe fresco, legumes, melão, amendoim, árvores de madeira, árvores económicas como a laranja e a manga, entre outras. De facto, Buruku orgulha-se de ter uma das maiores extensões de sistemas fluviais do país, com grande potencial para uma indústria pesqueira viável, para a agricultura na estação seca através da irrigação e para uma via fluvial interior através da irrigação.

CAPÍTULO DOIS

REVISÃO DA LITERATURA

2.1. Introdução

Este capítulo inclui uma revisão dos conceitos relevantes e das questões relacionadas com o estudo.

2.2. Revisão Conceptual

2.2.1. Inundações

As inundações são um fenómeno hidrológico natural caracterizado pelo transbordamento de água para terrenos tipicamente secos. Ocorre quando o volume de água excede a capacidade de carga dos canais de água naturais ou artificiais, como rios, lagos ou sistemas de drenagem, levando à inundação das áreas circundantes. As inundações podem ser classificadas em vários tipos com base nas suas causas e caraterísticas. Os principais tipos de inundações incluem as inundações ribeirinhas, as inundações repentinas, as inundações costeiras e as inundações pluviais (Nkwunonwo et al., 2020).

2.2.2. Tipos de inundações

Inundações fluviais ou ribeirinhas

As inundações fluviais ou ribeirinhas ocorrem quando os rios ou ribeiros transbordam das suas margens, inundando as áreas circundantes. Este tipo de inundação é muitas vezes desencadeado por chuvas prolongadas ou intensas, derretimento rápido da neve ou geladas (Ologunorisa, Kabari e Abimbola, 2020). Adelekan e Asiyanbi (2021) sublinharam a complexidade das inundações fluviais, referindo que estas podem ser influenciadas por vários factores, incluindo as caraterísticas das bacias hidrográficas, as alterações do uso do solo e a variabilidade climática. Na Nigéria, as cheias fluviais são particularmente prevalecentes ao longo dos principais sistemas fluviais, como o Níger e o Benue. Nkeki e Akpu (2023) utilizaram técnicas geoespaciais para cartografar a vulnerabilidade às cheias ao longo destes rios, destacando as extensas áreas em risco e a necessidade de melhorar as estratégias de gestão das cheias. A duração e a extensão das inundações fluviais podem variar significativamente, desde eventos de curta duração que afectam áreas localizadas até inundações prolongadas que afectam regiões inteiras.

Inundações pluviais ou induzidas pela chuva

As inundações pluviais, também conhecidas como inundações de águas superficiais, resultam de chuvas intensas que sobrecarregam os sistemas de drenagem naturais e artificiais. Este tipo de inundação está a tornar-se cada vez mais comum nas zonas urbanas devido à elevada proporção de superfícies impermeáveis que impedem a infiltração da água (Adelekan, 2020). Em Ado-Ekiti, na Nigéria, Oyinloye, Olamiju e Oyetay (2022) demonstraram como a rápida urbanização e as infra-estruturas de drenagem inadequadas agravam os riscos de inundações pluviais. Ao contrário das inundações fluviais, os fenómenos pluviais podem ocorrer longe das massas de água e, muitas vezes, desenvolvem-se rapidamente, dando pouco tempo de aviso. A quantidade e intensidade da precipitação local e o nível da água dos principais rios determinam a extensão, profundidade e duração das inundações pluviais. Os danos causados por este tipo de inundação são particularmente graves quando as cheias de águas pluviais coincidem com as cheias altas dos rios. A natureza localizada das inundações pluviais coloca desafios únicos à previsão e gestão, necessitando de abordagens de modelação de alta resolução e de intervenções direcionadas (Okoye e Ojeh, 2021).

Inundações costeiras ou tempestades

As inundações costeiras afectam as zonas baixas adjacentes ao mar ou a grandes massas de água. São normalmente causadas por tempestades, marés altas ou uma combinação destes factores, muitas vezes exacerbadas pela subida do nível do mar associada às alterações climáticas (Etuonovbe, 2019). Na Nigéria, as inundações costeiras são uma preocupação crescente, sobretudo em zonas densamente povoadas como Lagos. Adelekan e Asiyanbi (2021) realizaram um estudo exaustivo sobre a perceção do risco de inundação nas comunidades costeiras de Lagos, salientando a complexa interação entre a vulnerabilidade física e os factores socioeconómicos. As ameaças a longo prazo colocadas pela subida do nível do mar sublinham a necessidade de estratégias de adaptação e de políticas sólidas de gestão costeira (Ayanlade, Radeny, Morton e Muchaba, 2022).

Inundações repentinas

As cheias repentinas são fenómenos de início rápido caracterizados por uma curta duração entre a precipitação causadora e o pico da cheia. São particularmente perigosas devido aos seus caudais de alta velocidade e ao tempo de alerta limitado (Nkwunonwo, Whitworth e Baily, 2020). Na Nigéria, as inundações repentinas estão frequentemente associadas a chuvas intensas em zonas urbanas ou em terrenos íngremes. As zonas norte e leste da Nigéria têm uma vulnerabilidade específica às inundações repentinas, que resultam de chuvas intensas que ocorrem nas colinas e montanhas vizinhas (Dewan, Nishigaki, & Komatsu, 2003). De acordo com Akinsanola, Ongoma e Kooperman (2021), os estudos têm utilizado técnicas avançadas de modelação hidrológica para melhorar a previsão de cheias repentinas e os sistemas de alerta precoce.

Inundação de águas subterrâneas

As inundações de águas subterrâneas ocorrem quando o lençol freático se eleva acima da superfície terrestre. Este tipo de inundação é frequentemente ignorado nas avaliações de risco de inundação, mas pode causar inundações significativas e prolongadas (Oyinloye, Olamiju e Oyetayo, 2022). Na Nigéria, as inundações de águas subterrâneas são menos comuns do que outros tipos, mas podem ser particularmente problemáticas em zonas com lençóis freáticos elevados ou onde tenha ocorrido uma extração extensiva de águas subterrâneas. Tesi, Emetere, Ogbiye, Tenebe, Oye, Oshin e Tolu (2022) apelaram a uma maior atenção a este tipo de inundação, salientando a necessidade de uma melhor monitorização e modelação da dinâmica das águas subterrâneas em áreas propensas a inundações.

Inundações induzidas por barragens

Outro tipo de inundação relevante para a Nigéria é a inundação induzida por barragens, que ocorre quando a água é libertada dos reservatórios, quer intencionalmente para a gestão da barragem, quer devido à falha da barragem. Este tipo de inundação tem estado implicado em várias cheias importantes na Nigéria, particularmente ao longo dos rios Níger e Benue (Nkeki e Akpu, 2023). A gestão das inundações induzidas por barragens exige uma coordenação cuidadosa entre os operadores das barragens e as comunidades a jusante, bem como melhores sistemas de previsão e comunicação.

2.2.3. Causas das inundações

As inundações são causadas por uma combinação de factores naturais e antropogénicos. As principais causas naturais incluem a precipitação excessiva, o derretimento da neve e as tempestades. A precipitação prolongada ou intensa pode levar à saturação do solo e exceder a capacidade dos rios e dos sistemas de drenagem, resultando em inundações. O degelo da neve, especialmente nas regiões montanhosas, também pode contribuir para as inundações, uma vez que grandes volumes de água são libertados durante o degelo da primavera (Di Baldassarre et al., 2019).

Para além destas causas naturais, várias actividades humanas agravam o risco e a gravidade das inundações. A urbanização, por exemplo, aumenta o número de superfícies impermeáveis, reduzindo a capacidade do terreno para absorver água e conduzindo a taxas de escoamento mais elevadas. A desflorestação reduz a capacidade natural das florestas para absorver a precipitação e regular o fluxo de água, contribuindo para aumentar o risco de inundações. Além disso, a construção de infra-estruturas, como barragens e diques, pode alterar os cursos de água naturais, conduzindo por vezes a inundações involuntárias nas zonas a jusante (Nkwunonwo et al., 2020).

As alterações climáticas são outro fator que contribui significativamente para as inundações. O aumento das temperaturas globais está associado a fenómenos de precipitação mais frequentes e intensos, bem como ao degelo dos glaciares e das calotes polares, que contribuem para a subida do nível do mar. Estas alterações aumentam a probabilidade de inundações ribeirinhas e costeiras, colocando maiores riscos para as comunidades e os ecossistemas a nível mundial (Westra et al., 2021).

2.2.4. Eventos de inundação na Nigéria

A Nigéria tem um longo historial de inundações, particularmente nas planícies aluviais de grandes rios como o Níger e o Benue. As inundações na Nigéria são frequentemente sazonais, ocorrendo durante a estação das chuvas, de junho a setembro. No entanto, nos últimos anos tem-se assistido a um aumento da frequência e da gravidade das inundações, devido a uma combinação de alterações climáticas, urbanização e infra-estruturas inadequadas de gestão das inundações (Adams & Anugwa, 2020). Adeaga (2022) relatou a ocorrência de inundações devastadoras em Osogbo (2022), Yobe (2000), Akure (2022) e nas cidades costeiras de Ogun, Port-Harcourt, Calabar, Uyo e Warri. Uma das inundações mais notáveis na Nigéria ocorreu em 2012, tendo afetado 30 dos 36 estados do país, desalojado mais de dois milhões de pessoas e causado grandes danos à agricultura, às infra-estruturas e à propriedade. No entanto, as inundações de 2022 foram particularmente graves, afectando milhões de pessoas em vários Estados, incluindo Kogi, Benue, Anambra e Bayelsa. Estas inundações foram agravadas pela libertação de água da barragem de Lagdo, nos Camarões, que transbordou para o rio Benue, provocando a inundação generalizada de terras agrícolas (Ayanlade et al., 2022).

No Estado de Benue, as inundações de 2022 causaram danos significativos nos campos de arroz, que são uma componente essencial da produção agrícola do Estado. As inundações submergiram vastas áreas de terrenos agrícolas, destruíram colheitas e desalojaram milhares de agricultores. O impacto económico foi grave, com perdas estimadas em milhares de milhões de nairas, agravando ainda mais a insegurança alimentar e a pobreza na região. As inundações de 2022 puseram em evidência a necessidade urgente de melhorar as estratégias de gestão das inundações, os sistemas de alerta precoce e as práticas agrícolas resilientes para atenuar o impacto de tais catástrofes no futuro (Oche et al., 2022).

2.2.5. Agricultura de planície de inundação

As planícies de inundação são zonas baixas adjacentes aos rios que estão sujeitas a inundações periódicas. Estas áreas são frequentemente férteis devido à deposição de sedimentos ricos em nutrientes durante as cheias, o que as torna ideais para actividades agrícolas, em particular o cultivo de arroz (Brierley & Fryirs, 2013; Patrick, 2020).

As planícies aluviais são paisagens dinâmicas e férteis que desempenham um papel fundamental na produção agrícola, particularmente em regiões onde a disponibilidade de terras aráveis é limitada. Estas zonas são caracterizadas pela sua topografia plana, que permite a acumulação de sedimentos ricos em nutrientes depositados pelos rios durante as cheias. Este processo natural de deposição de sedimentos repõe os nutrientes do solo, tornando as planícies aluviais altamente férteis e propícias à agricultura. Os solos aluviais nas planícies aluviais são tipicamente ricos em matéria orgânica, o que suporta uma elevada produtividade agrícola. No entanto, a planura destas áreas também as torna propensas a alagamentos e inundações, o que pode ter efeitos positivos e negativos no cultivo de culturas (Snyder et al., 2020; Wilby & Keenan, 2019).

As caraterísticas hidrológicas das planícies aluviais, incluindo a frequência e a duração das cheias, são determinantes para as práticas agrícolas nestas zonas. Os solos das planícies aluviais são frequentemente bem drenados durante as estações secas, mas podem ficar encharcados durante os períodos de chuva intensa. Esta dualidade exige que os agricultores adoptem técnicas agrícolas especializadas que possam acomodar tanto as condições secas como as húmidas. Por exemplo, culturas como o arroz, que podem prosperar em condições de alagamento, são normalmente cultivadas em planícies aluviais. A variabilidade dos níveis de água exige a utilização de variedades de culturas adaptáveis e resilientes que possam suportar condições ambientais flutuantes (Pereira et al., 2021; Ayanlade et al., 2022).

A agricultura de várzea é vital para a segurança alimentar, especialmente em regiões onde estas áreas representam uma parte significativa da terra arável. A elevada fertilidade dos solos das planícies aluviais favorece o cultivo de culturas de base como o arroz, o milho e os legumes, que são essenciais para o sustento das populações locais. Em muitos países em desenvolvimento, as planícies aluviais funcionam como zonas agrícolas críticas que contribuem significativamente para o abastecimento alimentar local e nacional. Por exemplo, na Nigéria, as planícies aluviais dos rios Benue e Níger estão entre as regiões agrícolas mais produtivas, fornecendo alimentos a milhões de pessoas (Nwosu et al., 2023; Akpodiogaga-a & Odjugo, 2021).

A agricultura de planícies aluviais contribui também para a estabilidade económica das comunidades rurais, proporcionando oportunidades de emprego e rendimentos através da venda de produtos agrícolas. A capacidade das planícies aluviais para suportar vários ciclos de cultivo num ano, especialmente em regiões com padrões de precipitação bimodais, reforça o seu papel na garantia de um abastecimento alimentar estável e contínuo. Isto é particularmente importante no contexto das alterações climáticas, em que padrões climáticos imprevisíveis podem ameaçar a produção alimentar em zonas não inundáveis. Por conseguinte, a agricultura de várzea actua como um amortecedor contra a insegurança alimentar, ajudando a estabilizar os preços e a disponibilidade dos alimentos durante períodos de stress ambiental (Saka et al., 2020; Olorunfemi & Raheem, 2021).

Apesar das vantagens da agricultura de várzea, vários desafios ameaçam a sua sustentabilidade e produtividade. O desafio mais significativo é o risco de inundações, que, embora benéfico para a fertilidade do solo, também pode levar à destruição das culturas e à erosão do solo. As inundações excessivas podem levar à destruição das culturas, destruir infra-estruturas e reduzir a produtividade da terra através da erosão da camada superficial do solo e da deposição de sedimentos menos férteis. Nos últimos anos, o aumento da frequência e intensidade das inundações, atribuído às alterações climáticas, exacerbou estes riscos, tornando a agricultura nas planícies aluviais mais precária (Mwangi et al., 2020; Ayanlade et al., 2022). A submersão prolongada das culturas, em particular durante as fases críticas de crescimento, pode resultar na perda total das colheitas. Além disso, as inundações podem levar ao alagamento, o que reduz os níveis de oxigénio no solo e afecta negativamente o desenvolvimento das raízes. A longo prazo, as inundações recorrentes podem levar à degradação do solo, à redução da arabilidade e à deslocação das comunidades agrícolas (Ayanlade et al., 2022).

2.2.6. Produção de arroz

O arroz é a semente da espécie de gramínea Oryza sativa (arroz asiático) ou Oryzaglaberrima (arroz africano). O arroz é uma das culturas de base mais importantes a nível mundial, fornecendo alimentos a mais de metade da população mundial. É cultivado em todos os continentes, com exceção da Antárctida, sendo a Ásia o maior produtor, responsável por mais de 90% da produção mundial. É o produto agrícola com a terceira maior produção mundial (741,5 milhões de toneladas em 2014), depois da cana-de-açúcar (1,9 mil milhões de toneladas) e do milho (1,0 mil milhões de toneladas) (FAO, 2022). Uma vez que porções consideráveis das culturas da cana-de-açúcar e do milho são utilizadas para outros fins que não o consumo humano, o arroz é o cereal mais importante no que respeita à nutrição humana e à ingestão calórica, fornecendo mais de um quinto das calorias consumidas em todo o mundo pelos seres humanos. Os principais países produtores de arroz incluem a China, a Índia, a Indonésia, o Bangladesh e o Vietname, contribuindo para a maior parte do abastecimento mundial de arroz (FAO, 2022). Em África, o arroz é uma cultura crítica para a segurança alimentar, sendo países como a Nigéria, o Egito e Madagáscar produtores significativos.

O arroz, uma monocotiledónea, é normalmente cultivado como uma planta anual, embora nas zonas tropicais possa sobreviver como uma planta perene e produzir uma cultura de soca até 30 anos. A cultura do arroz é adequada para países e regiões com baixos custos de mão de obra e elevada pluviosidade, uma vez que o seu cultivo é trabalhoso e requer muita água. No entanto, o arroz pode ser cultivado praticamente em qualquer lugar, mesmo numa colina ou montanha íngreme, com a utilização de sistemas de terraços com controlo de água. Embora as suas espécies-mãe sejam nativas da Ásia e de certas partes de África, séculos de comércio e exportação tornaram-no comum em muitas culturas de todo o mundo. O método tradicional de cultivo do arroz consiste em inundar os campos durante ou após o plantio das mudas jovens. Este método simples requer um bom planeamento e manutenção do represamento e canalização da água, mas reduz o crescimento de plantas infestantes e pragas menos robustas, que não têm um estado de crescimento submerso, e dissuade os parasitas. Embora o alagamento não seja obrigatório para o cultivo do arroz, todos os outros métodos de irrigação exigem um maior esforço no controlo das das pragas ervas daninhas e durante os períodos de crescimento e uma abordagem diferente para a fertilização do solo. O nome arroz selvagem é geralmente utilizado para espécies dos géneros *Zizania* e *Porteresia*, tanto selvagens como domesticadas, embora o termo também possa ser utilizado para variedades primitivas ou não cultivadas de *Oryza*.

Na Nigéria, o arroz é uma componente crucial do sector agrícola, servindo tanto como alimento básico como uma fonte significativa de rendimento para milhões de pequenos agricultores. O país é o maior produtor de arroz da África Ocidental e o terceiro maior de África, depois do Egito e de Madagáscar. No entanto, apesar da sua produção substancial, a Nigéria continua a ser um importador líquido de arroz, com a produção interna a não conseguir satisfazer a procura crescente. O governo tem feito esforços concertados para impulsionar a produção local através de iniciativas como o Anchor Borrowers' Program e a Presidential Fertilizer Initiative, que visam aumentar a produtividade do arroz e reduzir a dependência das importações (Nwafor & Nwaneri, 2021; Oladimeji & Bello, 2020).

O arroz ocupa um lugar central na dieta de milhões de nigerianos, o que faz dele um dos alimentos básicos mais importantes do país. É consumido de várias formas em diferentes grupos culturais e socioeconómicos, das zonas urbanas às rurais. A versatilidade do arroz, que pode ser preparado de várias formas, como arroz cozido, arroz jollof, arroz frito e pratos à base de farinha de arroz, contribui para o seu consumo generalizado (Afolabi & Adigun, 2022).

Para além da sua importância nutricional, o arroz desempenha também um papel fundamental no tecido socioeconómico da Nigéria. O cultivo do arroz proporciona meios de subsistência a milhões de agricultores, especialmente nas zonas rurais onde a agricultura é a principal atividade económica. O valor económico da cultura estende-se para além da exploração agrícola, uma vez que suporta uma vasta rede de indústrias relacionadas, incluindo a moagem, o transporte e o retalho. Além disso, o arroz está a tornar-se cada vez mais uma cultura estratégica na agenda de segurança alimentar da Nigéria, dada a sua capacidade de gerar rendimentos, proporcionar emprego e contribuir para a estabilidade económica global do país (Oluwaseun & Adeola, 2021).

O rendimento do arroz é influenciado por uma variedade de práticas agronómicas, incluindo a preparação da terra, seleção de sementes, métodos de plantação, gestão da água, fertilização e controlo de pragas. Na Nigéria, o arroz é cultivado em diferentes ecologias, incluindo terras altas de sequeiro, terras baixas de sequeiro, terras baixas irrigadas e sistemas de águas profundas ou flutuantes. A escolha da variedade de arroz e as práticas agronómicas específicas adoptadas são largamente determinadas pelo ambiente de cultivo e pela disponibilidade de recursos como a água e os fertilizantes (Oladimeji et al., 2020).

A produção de arroz é altamente vulnerável a factores ambientais, particularmente às alterações climáticas, que conduziram a um aumento da ocorrência de fenómenos meteorológicos extremos, como inundações, secas e padrões irregulares de precipitação. As inundações, em particular, representam uma ameaça significativa para o cultivo de arroz, especialmente nas zonas de várzea onde o arroz é normalmente cultivado. As inundações excessivas podem submergir as plantas de arroz, levando à perda de colheitas, à redução dos rendimentos e até à destruição de campos inteiros (Ozor & Akpan, 2020).

A vulnerabilidade da produção de arroz às inundações é exacerbada por infra-estruturas inadequadas de gestão da água, como sistemas de irrigação mal mantidos e a falta de redes de drenagem eficazes. Além disso, a imprevisibilidade dos padrões climáticos torna difícil para os agricultores planearem e implementarem calendários de plantação e colheita atempados, aumentando ainda mais os riscos associados à cultura do arroz. Em resposta a estes desafios, tem havido uma ênfase crescente no desenvolvimento e adoção de variedades de arroz resistentes às inundações, bem como na implementação de práticas sustentáveis de gestão da água para aumentar a resiliência dos sistemas de produção de arroz aos choques ambientais (Singh et al., 2020; Ismail et al., 2019).

Para além das inundações, outros factores ambientais, como a degradação dos solos, as infestações de pragas e os efeitos do aquecimento global, também ameaçam a produção de arroz. A degradação do solo, impulsionada por factores como a erosão, o esgotamento de nutrientes e a salinização, reduz a capacidade produtiva das terras agrícolas, conduzindo a rendimentos mais baixos e a uma maior vulnerabilidade a outras pressões ambientais. Para enfrentar esses desafios, é essencial promover práticas agrícolas sustentáveis que melhorem a saúde do solo, conservem os recursos hídricos e melhorem a resiliência geral dos sistemas de cultivo de arroz (Nwafor & Nwaneri, 2021; Ahmed et al., 2020).

2.2.7. Gestão e mitigação das inundações na agricultura

A gestão das inundações na agricultura tem evoluído significativamente ao longo do tempo, passando de abordagens tradicionais enraizadas nos conhecimentos e práticas locais para técnicas modernas mais sofisticadas, impulsionadas pelos avanços da tecnologia e da engenharia. As técnicas tradicionais de gestão das inundações envolvem frequentemente práticas baseadas na comunidade, como a construção de diques, diques e aterros para proteger as terras agrícolas das inundações. Estas estruturas são concebidas para desviar as águas das cheias para longe das terras agrícolas e das zonas residenciais, minimizando assim o risco de danos e perdas nas colheitas. Em muitas comunidades rurais, os métodos tradicionais também incluem a utilização de terraços e a criação de canteiros elevados para evitar o alagamento e a erosão do solo durante as cheias (Ozor & Akpan, 2020).

As técnicas modernas de gestão das inundações expandiram-se a partir destas práticas tradicionais, incorporando tecnologias avançadas como a deteção remota, os sistemas de informação geográfica (SIG) e a modelação hidrológica para prever e gerir os riscos de inundação de forma mais eficaz. Por exemplo, os sistemas de previsão de inundações utilizam atualmente dados de satélite e modelos meteorológicos para fornecer avisos precoces de potenciais inundações, permitindo aos agricultores tomar antecipadamente medidas preventivas. Além disso, a construção de projectos de infra-estruturas de grande escala, como barragens e reservatórios, tornou-se uma componente essencial da gestão moderna das inundações, permitindo a libertação controlada de água para evitar inundações a jusante (Ayanlade et al., 2022; Snyder et al., 2020). Nas zonas urbanas, foram desenvolvidos sistemas de drenagem modernos e canais de controlo das inundações para gerir o escoamento das águas pluviais e reduzir o risco de inundações pluviais, o que é particularmente importante para proteger as terras agrícolas periurbanas.

Em resposta à frequência e intensidade crescentes das inundações, os agricultores desenvolveram e adoptaram várias estratégias de adaptação para fazer face aos desafios colocados pelas inundações. Estas estratégias são concebidas para aumentar a resiliência dos sistemas agrícolas e reduzir a vulnerabilidade das culturas aos danos provocados pelas inundações. Uma das estratégias de adaptação mais comuns é a utilização de variedades de culturas tolerantes às inundações, especificamente criadas para sobreviver a condições prolongadas de submersão e alagamento. Por exemplo, o desenvolvimento e a adoção generalizada de variedades de arroz Sub1, que são geneticamente modificadas para resistir à submersão, melhoraram significativamente a produção de arroz em regiões propensas a inundações (Ismail et al., 2019).

Outra estratégia de adaptação envolve o ajustamento dos calendários de plantação e colheita para evitar a época alta das cheias. Ao programar as actividades agrícolas para que ocorram fora dos períodos propensos a inundações, os agricultores podem reduzir o risco de perda de colheitas e garantir que os seus campos não sejam inundados em fases críticas do crescimento das culturas. Em regiões onde as cheias são altamente previsíveis, os agricultores podem também praticar a migração sazonal das culturas, deslocando-as para terrenos mais altos ou para zonas menos propensas a cheias durante a estação das chuvas (Nwosu et al., 2023). Além disso, a adoção de práticas de gestão integrada da água, como a construção de sistemas de drenagem e a utilização de estruturas de retenção de água, ajuda a regular os níveis de água nos campos, evitando assim inundações excessivas e melhorando a disponibilidade de água durante os períodos de seca (Mwangi et al., 2020).

As medidas de atenuação desempenham um papel crucial na manutenção da produtividade agrícola em zonas propensas a inundações, reduzindo os impactos adversos das inundações nas culturas e na saúde dos solos. As estratégias de atenuação eficazes não só protegem as terras agrícolas dos danos causados pelas inundações, como também contribuem para a resiliência a longo prazo dos sistemas agrícolas. Por exemplo, a construção de aterros e diques ajuda a impedir que as águas das cheias entrem nos campos agrícolas, reduzindo assim o risco de perda de colheitas e de erosão dos solos. Do mesmo modo, a criação de abrigos contra inundações e de instalações de armazenamento elevadas garante que os factores de produção agrícola, como as sementes e os fertilizantes, não são danificados durante as cheias, permitindo aos agricultores retomar rapidamente o cultivo depois de as águas baixarem (Pereira et al., 2021).

Para além das infra-estruturas físicas, a aplicação de medidas políticas e de iniciativas de reforço das capacidades é essencial para manter a produtividade agrícola nas regiões sujeitas a inundações. Os governos e as agências de desenvolvimento podem apoiar os agricultores dando-lhes acesso a regimes de seguro contra as inundações, que oferecem proteção financeira contra as perdas de colheitas devidas às inundações. Além disso, a promoção de práticas de gestão sustentável dos solos, como a agrossilvicultura e a agricultura de conservação, pode aumentar a resiliência das paisagens agrícolas às inundações, melhorando a estrutura do solo, aumentando a infiltração da água e reduzindo o escoamento superficial (Saka et al., 2020). Em última análise, a integração de medidas de gestão e mitigação das cheias no planeamento agrícola é fundamental para garantir a segurança alimentar e os meios de subsistência de milhões de pessoas que dependem da agricultura nas zonas afectadas pelas cheias.

2.3. Revisão teórica

2.3.1. Teoria da redução do risco de catástrofes

A teoria da Redução do Risco de Catástrofes (RRD) é um quadro abrangente que visa minimizar as vulnerabilidades e os riscos de catástrofes em toda a sociedade, reforçando a resiliência e implementando estratégias proactivas para prevenir e atenuar os impactos das catástrofes. A teoria enfatiza a mudança de uma resposta reactiva às catástrofes para uma abordagem mais proactiva e preventiva, centrada na redução da exposição aos perigos, na diminuição da vulnerabilidade das pessoas e dos bens e na melhoria da preparação para acontecimentos adversos. Embora o conceito de RRC tenha evoluído, ganhou uma força significativa após a Década Internacional das Nações Unidas para a Redução das Catástrofes Naturais (IDNDR), na década de 1990, que levou à formalização dos princípios da RRC. A base teórica da RRD foi ainda mais solidificada com a adoção do Quadro de Ação de Hyogo (HFA) em 2005, que forneceu um plano global para os esforços de redução do risco de catástrofes. O HFA foi mais tarde sucedido pelo Quadro de Sendai para a Redução do Risco de Catástrofes 2015-2030, que é atualmente a orientação internacional mais abrangente para a redução do risco de catástrofes. O Quadro de Sendai, desenvolvido pelo Gabinete das Nações Unidas para a Redução do Risco de Catástrofes (UNDRR), define objectivos específicos e prioridades de ação, sublinhando a importância de compreender o risco de catástrofes, reforçar a governação do risco de catástrofes, investir na redução do risco de catástrofes e melhorar a preparação para uma resposta eficaz (UNDRR, 2015).

Os princípios fundamentais da teoria da RRC centram-se na compreensão e gestão dos riscos de catástrofe, abordando os factores subjacentes que contribuem para esses riscos. Estes princípios incluem a identificação e avaliação dos perigos, vulnerabilidades e capacidades; a integração de estratégias de redução dos riscos nas políticas e no planeamento do desenvolvimento; a promoção da tomada de decisões informada sobre os riscos; e o reforço dos sistemas de alerta precoce e da preparação para situações de emergência. No contexto das inundações, a teoria da RRC defende a implementação de práticas integradas de gestão das inundações que combinem medidas estruturais (como barragens, diques e sistemas de drenagem) com medidas não estruturais (como o planeamento da utilização dos solos, a previsão das inundações e programas de sensibilização da comunidade). A teoria enfatiza a importância de adotar uma abordagem multi-riscos que considere a natureza interligada dos riscos, particularmente em áreas onde as inundações podem desencadear riscos secundários, como deslizamentos de terras ou doenças transmitidas pela água (WMO, 2021). Uma aplicação fundamental da RRC na gestão das inundações é o desenvolvimento de sistemas de alerta precoce que forneçam informações atempadas e precisas às comunidades em risco, permitindo-lhes tomar medidas preventivas antes da ocorrência de uma inundação. Outra aplicação importante é a promoção de práticas sustentáveis de utilização dos solos, como a recuperação de zonas húmidas e a preservação de planícies aluviais naturais, que podem atuar como amortecedores contra as águas das cheias e reduzir a gravidade das inundações (Sharma et al., 2020). Além disso, os princípios de RRC defendem a inclusão de grupos vulneráveis no planeamento do risco de catástrofes, assegurando que as estratégias de redução do risco são equitativas e respondem às necessidades específicas das populações mais expostas ao risco de inundações.

A teoria da redução do risco de catástrofes é altamente relevante para os sistemas agrícolas, particularmente em regiões propensas a perigos naturais como inundações, secas e tempestades. A agricultura é inerentemente vulnerável aos choques ambientais e os impactos das catástrofes neste sector podem ter consequências de grande alcance para a segurança alimentar, os meios de subsistência e a estabilidade económica. Ao integrarem os princípios da RRC nas práticas agrícolas, os agricultores e as comunidades podem aumentar a sua resistência às catástrofes e reduzir os riscos a longo prazo associados aos perigos ambientais. No contexto das zonas agrícolas propensas a inundações, as estratégias de

RRC podem incluir a adoção de variedades de culturas resistentes às inundações, a construção de infra-estruturas de gestão da água, como terraços e canais de drenagem, e a aplicação de práticas agrícolas sustentáveis que reduzam a erosão do solo e melhorem a retenção da água. A teoria da RRC sublinha a importância de reforçar a capacidade das comunidades agrícolas para responderem e recuperarem de catástrofes através da educação, da formação e do acesso a recursos como o crédito e os seguros (Adger et al., 2020). Os princípios da RRC podem servir de base ao desenvolvimento de políticas agrícolas que dêem prioridade à redução dos riscos e ao reforço da resiliência. Por exemplo, os governos podem promover a utilização de uma agricultura inteligente em termos climáticos, que integre estratégias de RRC com práticas sustentáveis de gestão dos solos e de adaptação às alterações climáticas. Ao reduzir a vulnerabilidade dos sistemas agrícolas às inundações e outras catástrofes, estas políticas podem ajudar a garantir a sustentabilidade a longo prazo da produção alimentar e proteger os meios de subsistência dos agricultores em regiões propensas a catástrofes (FAO, 2019).

2.3.2. Teoria da resiliência agrícola

A teoria da resiliência agrícola tem as suas raízes no conceito mais amplo de resiliência, que foi introduzido pela primeira vez pelo ecologista canadiano C.S. Holling em 1973. O trabalho pioneiro de Holling definiu a resiliência como a capacidade de um sistema para absorver perturbações e se reorganizar enquanto muda, mantendo essencialmente a mesma função, estrutura e feedback. No contexto da agricultura, a teoria da resiliência foi adaptada para se centrar na capacidade dos sistemas agrícolas para resistir, adaptar-se e recuperar de vários choques e tensões, incluindo perturbações ambientais, económicas e sociais (Holling, 1973; Berkes & Ross, 2022). A teoria foi desenvolvida no início do século XXI, particularmente quando os académicos começaram a reconhecer a crescente vulnerabilidade dos sistemas agrícolas às alterações climáticas e a outros desafios globais. A resiliência agrícola engloba a ideia de que os sistemas agrícolas devem ser capazes de fazer face a perturbações imediatas, como inundações ou secas, e de se adaptar a mudanças a longo prazo no ambiente e nos mercados. Este conceito tem sido fundamental para o desenvolvimento de práticas agrícolas sustentáveis, com ênfase no aumento da resiliência dos sistemas alimentares para garantir a segurança alimentar face às crescentes incertezas (Tendall et al., 2015).

A resiliência em contextos agrícolas refere-se à capacidade dos sistemas agrícolas para absorver, recuperar e adaptar-se a várias formas de stress e perturbação, mantendo ou melhorando a sua produtividade, sustentabilidade ambiental e bem-estar social. O conceito é multidimensional, englobando aspectos ecológicos, económicos e sociais.

Ecologicamente, a resiliência envolve a manutenção da biodiversidade, da saúde dos solos e dos recursos hídricos, que são cruciais para a sustentabilidade a longo prazo da produção agrícola. Do ponto de vista económico, inclui a capacidade de os agricultores manterem os seus meios de subsistência apesar das flutuações do mercado, dos choques de preços ou das alterações na procura dos consumidores (Walker et al., 2020). A resiliência social na agricultura refere-se à capacidade das comunidades agrícolas para se adaptarem às mudanças e manterem a coesão e a estabilidade sociais. Isto inclui a capacidade de inovar, aprender e reorganizar em resposta a pressões externas e a força das redes sociais e instituições que apoiam a ação colectiva e a partilha de recursos. A resiliência também implica a capacidade de transformação, o que significa que, quando as práticas agrícolas existentes já não são viáveis, os sistemas podem fazer a transição para novas formas de agricultura mais sustentáveis e mais adequadas às condições em mudança (Béné et al., 2019).

Vários factores-chave influenciam a resiliência agrícola às inundações, incluindo as caraterísticas físicas da terra, a seleção de culturas e práticas de gestão, o acesso a recursos e infra-estruturas, e social e apoio institucional. Solos bem drenados, caraterísticas eficazes de gestão natural da água e variedades de culturas tolerantes a inundações, como o arroz Sub1, são cruciais para aumentar a resiliência em áreas propensas a inundações (Ismail et al., 2019; Ozturk et al., 2021). Práticas como a agricultura em canteiros elevados e a agrossilvicultura melhoram a estrutura do solo e a infiltração de água, reduzindo os impactos das inundações. O acesso a recursos financeiros, seguros, sistemas de irrigação modernos e infra-estruturas de proteção, como diques, também reforçam significativamente a resiliência (Adger et al., 2020). A existência de redes sociais fortes e de instituições eficazes que prestem assistência técnica, preparação para catástrofes e apoio à gestão sustentável das terras é vital para a criação de resiliência a longo prazo nas comunidades agrícolas (Béné et al., 2019).

2.3.3. Quadro de Capacidade Adaptativa

O Quadro de Capacidade Adaptativa é um modelo teórico que explica a capacidade dos sistemas, comunidades e indivíduos para se ajustarem a potenciais perigos, tirarem partido das oportunidades e responderem às consequências. O conceito de capacidade adaptativa emergiu do domínio mais vasto da teoria da resiliência e da adaptação às alterações climáticas, com contributos significativos de académicos no final do século XX e início do século XXI. Entre as figuras-chave do desenvolvimento do conceito de capacidade adaptativa contam-se académicos como Smit e Wandel, que em 2006 o integraram nos estudos de vulnerabilidade e adaptação às alterações climáticas. O seu trabalho sublinhou que capacidade adaptativa é uma componente crucial da resiliência, determinando a capacidade de um sistema para enfrentar e recuperar de factores de stress (Smit & Wandel, 2006). A capacidade adaptativa é entendida como as condições prévias necessárias para a adaptação, incluindo o acesso a recursos, a capacidade de perceber e compreender os riscos e a presença de factores sociais, institucionais e tecnológicos que facilitam a resposta e a recuperação. O quadro tem sido aplicado em vários domínios, incluindo a gestão ambiental, a redução do risco de catástrofes e os estudos de desenvolvimento, para avaliar a capacidade das comunidades e dos sistemas para enfrentarem os desafios colocados pelas alterações ambientais e pelos fenómenos extremos (Brooks et al., 2021).

No contexto das comunidades agrícolas, a capacidade de adaptação refere-se à capacidade dos agricultores para antecipar, responder e recuperar de mudanças ambientais e económicas, tais como as provocadas pelas alterações climáticas, as flutuações do mercado e as catástrofes naturais como as inundações. Os principais factores determinantes da capacidade de adaptação das comunidades agrícolas incluem o acesso a recursos financeiros, tecnologia, informação e redes sociais. Os conhecimentos e as competências dos agricultores, a sua capacidade de diversificar as fontes de rendimento e a força das instituições e da governação locais também desempenham um papel fundamental na formação da capacidade de adaptação (Marshall et al., 2020). O capital social, incluindo as redes e as relações entre os membros da comunidade, é particularmente importante para promover a capacidade de adaptação. Redes sociais fortes permitem a partilha de informações, recursos e apoio em tempos de crise, aumentando assim a resiliência geral da comunidade. Além disso, a presença de instituições locais eficazes que prestam serviços de extensão, facilitam o acesso aos mercados e apoiam iniciativas de preparação para catástrofes pode aumentar significativamente a capacidade de adaptação das comunidades agrícolas (Adger et al., 2020). Estes factores determinam coletivamente a capacidade de adaptação e recuperação das comunidades agrícolas face aos impactos das inundações e outros desafios ambientais.

O Quadro de Capacidade Adaptativa é altamente aplicável a zonas agrícolas propensas a inundações, onde a capacidade das comunidades agrícolas para enfrentar e recuperar de inundações frequentes e graves é fundamental para manter os meios de subsistência e a segurança alimentar. Nestas regiões, a capacidade de adaptação pode ser reforçada através de várias estratégias, incluindo a adoção de variedades de culturas tolerantes às cheias, a diversificação das fontes de rendimento e a aplicação de práticas sustentáveis de gestão dos solos e da água. Por exemplo, em áreas propensas a inundações, a adoção de variedades de arroz resistentes a inundações, como o arroz Sub1, demonstrou reduzir significativamente as perdas de culturas durante as inundações, aumentando assim a resiliência dos sistemas agrícolas (Ismail et al., 2019). Além disso, a diversificação dos meios de subsistência, como a integração da aquicultura com a cultura do arroz ou o desenvolvimento de actividades alternativas geradoras de rendimentos, pode proporcionar aos agricultores estabilidade financeira e reduzir a sua dependência de uma única cultura que pode ser vulnerável às inundações (Tran et al., 2021).

É crucial o desenvolvimento de instituições locais que apoiem a capacidade de adaptação através da disponibilização de sistemas de alerta precoce, do acesso ao microfinanciamento e da formação em matéria de preparação para catástrofes. Estas instituições podem facilitar a divulgação de conhecimentos e tecnologias que melhorem a gestão das cheias e os esforços de recuperação. Por exemplo, as organizações comunitárias que promovem a ação colectiva, como a construção de infra-estruturas partilhadas, como sistemas de drenagem e barreiras contra inundações, podem aumentar a resiliência global das zonas agrícolas às inundações (Brooks et al., 2021).

2.3.4. Quadro de meios de subsistência sustentáveis

O Quadro de Meios de Subsistência Sustentáveis (SLF) é uma ferramenta utilizada para compreender e analisar os meios de subsistência das pessoas, particularmente das que vivem na pobreza, examinando os recursos que utilizam, as estratégias que empregam e os resultados que alcançam. O quadro foi inicialmente desenvolvido pelo Departamento para o Desenvolvimento Internacional (DFID) do Reino Unido no final da década de 1990, no âmbito dos seus esforços para combater a pobreza de forma mais holística e sustentável. O SLF foi construído com base em conceitos anteriores de desenvolvimento sustentável e segurança dos meios de subsistência, integrando estas ideias num quadro abrangente que considera uma vasta gama de factores que influenciam os meios de subsistência (Scoones, 1998; DFID, 1999).

O Quadro de Meios de Subsistência Sustentáveis fornece uma abordagem estruturada para compreender como os meios de subsistência das pessoas são construídos e sustentados. Começa com a avaliação das várias formas de capital que os indivíduos e as comunidades possuem. Estes capitais são os recursos que as pessoas utilizam para prosseguir as suas estratégias de subsistência. O capital humano refere-se às competências, aos conhecimentos e à saúde que permitem que os indivíduos se envolvam em actividades produtivas. O capital social inclui as redes e as relações sociais que proporcionam apoio e acesso a recursos. O capital natural engloba os recursos naturais disponíveis para as pessoas, como a terra, a água e as florestas. O capital físico envolve as infra-estruturas e os instrumentos que as pessoas utilizam para apoiar os seus meios de subsistência, como a habitação, as estradas e a maquinaria. Por último, o capital financeiro refere-se aos recursos financeiros a que as pessoas podem recorrer, incluindo rendimentos, poupanças e acesso ao crédito (Scoones, 2015). O quadro também considera o contexto de vulnerabilidade, que é o ambiente em que as pessoas vivem e trabalham, incluindo os factores externos que podem afetar os seus meios de subsistência. Este contexto inclui choques (por exemplo, catástrofes naturais como inundações ou secas), tendências (por exemplo, mudanças económicas ou ambientais) e mudanças sazonais (por exemplo, mudanças na produtividade agrícola ou na procura de mão de obra). Estes factores podem limitar ou aumentar as opções disponíveis para os indivíduos e as comunidades (Chambers & Conway, 1992).

O SLF também enfatiza o papel da transformação de estruturas e processos, que incluem as instituições, políticas e normas culturais que moldam a forma como as pessoas acedem e utilizam os seus bens. Estas estruturas e processos podem incluir políticas governamentais, sistemas de mercado, quadros legais e normas comunitárias. Determinam até que ponto as pessoas podem construir os seus activos e seguir estratégias de subsistência. Os resultados destas estratégias reflectem-se em vários indicadores de sustentabilidade dos meios de subsistência, como os níveis de rendimento, a segurança alimentar, a saúde, a educação e a sustentabilidade ambiental (DFID, 1999; Scoones, 2015).

O Quadro de Meios de Subsistência Sustentáveis é altamente relevante para o estudo das estratégias de sobrevivência e das medidas de mitigação nas comunidades agrícolas afectadas pelas cheias, uma vez que proporciona uma compreensão abrangente da forma como estas comunidades gerem e sustentam os seus meios de subsistência face aos choques ambientais. As cheias, como parte do contexto de vulnerabilidade, podem afetar gravemente o capital natural (por exemplo, terra e água) de que as comunidades agrícolas dependem, levando à perda de colheitas, à degradação do solo e à redução da produtividade. O SLF ajuda a identificar como esses impactos se propagam em cascata através de outras formas de capital, afectando o capital humano (por exemplo, saúde e disponibilidade de trabalho), o capital financeiro (por exemplo, perda de rendimento) e o capital social (por exemplo, redes sociais enfraquecidas devido à deslocação) (Pereira et al., 2021).

Ao aplicar o SLF, os investigadores e os decisores políticos podem compreender melhor as estratégias de adaptação que as comunidades afectadas pelas cheias utilizam para enfrentar e recuperar de tais acontecimentos. Por exemplo, as comunidades podem diversificar as suas estratégias de subsistência, dedicando-se a actividades alternativas geradoras de rendimentos, como a criação de gado ou o trabalho não agrícola, para reduzir a sua dependência de actividades agrícolas propensas a inundações. O quadro também destaca a importância do capital social nestas estratégias de adaptação, uma vez que redes comunitárias fortes podem facilitar a partilha de recursos, informações e apoio durante e após as inundações (Ozor & Akpan, 2020). O SLF sublinha ainda a importância de aumentar a resiliência através de intervenções direcionadas que reforcem as várias formas de capital. Por exemplo, a melhoria do capital físico através da construção de infra-estruturas resistentes às cheias, ou o reforço do capital financeiro através do acesso ao microcrédito e aos seguros, podem reduzir significativamente a vulnerabilidade e aumentar a resistência das comunidades agrícolas a futuras cheias. O quadro também enfatiza o papel das políticas e das instituições na definição do sucesso destas intervenções, sugerindo que a governação eficaz e a participação da comunidade são cruciais para os resultados sustentáveis dos meios de subsistência (Ayanlade et al., 2022).

O Quadro de Meios de Subsistência Sustentáveis (Sustainable Livelihoods Framework - SLF) fornece um quadro valioso para analisar e abordar os desafios complexos enfrentados pelas comunidades agrícolas afectadas pelas inundações. Oferece uma visão da natureza multifacetada da vulnerabilidade e da resiliência e orienta a conceção de intervenções que não só respondem às necessidades imediatas como também são sustentáveis a longo prazo.

2.4. Revisão empírica

A análise da extensão espacial e temporal dos fenómenos de inundação tornou-se cada vez mais sofisticada com os avanços na deteção remota e nos Sistemas de Informação Geográfica (SIG). Estas tecnologias permitem o mapeamento e a monitorização precisos de áreas propensas a inundações, permitindo aos investigadores avaliar a extensão e a frequência das inundações ao longo do tempo. Os estudos têm utilizado imagens de satélite e modelos hidrológicos para cartografar as planícies aluviais, avaliar os riscos de inundação e analisar as alterações nos padrões de inundação devidas a factores como as alterações climáticas e as alterações do uso do solo (Sanyal & Lu, 2020).

Notti et al. (2018) utilizaram dados de satélite para analisar a dinâmica das inundações na bacia do rio Pó, em Itália, durante um período de 50 anos. O estudo destacou como as mudanças no uso da terra, como a urbanização e a expansão agrícola, aumentaram a vulnerabilidade de certas áreas às inundações. Do mesmo modo, no Delta do Mekong, no Vietname,

Tran et al. (2021) utilizaram uma combinação de dados de satélite e modelos hidrológicos para avaliar a extensão das inundações sazonais e o seu impacto na produção de arroz. O estudo concluiu que o momento e a extensão das inundações eram factores críticos que influenciavam a produtividade das terras agrícolas, enfatizando a necessidade de estratégias adaptativas de gestão das inundações.

Nguyen, Le, & Pham (2020), no seu estudo intitulado "Impact of Flooding on Global Rice Production: A Meta-Analysis of Recent Empirical Studies" sintetizaram e analisaram os impactos globais das inundações na produção de arroz, com base em vários estudos empíricos realizados entre 2015 e 2020. Os autores examinaram como diferentes tipos de inundações, desde inundações repentinas a inundações ribeirinhas, afectam a produção de arroz em várias partes do mundo. Foi utilizada uma abordagem de meta-análise, agregando dados de mais de 50 estudos revistos por pares. Os estudos incluíram uma vasta gama de metodologias, como a deteção remota, o mapeamento de inundações baseado em SIG e inquéritos de campo para avaliar a extensão e o impacto das inundações na produção de arroz. A meta-análise revelou que as inundações conduzem geralmente a uma redução da produção de arroz de 15-30% a nível mundial, com os impactos mais significativos observados no Sudeste Asiático. O estudo sublinhou também que o momento e a duração das inundações afectam significativamente os danos causados às culturas, sendo as inundações do início da estação particularmente prejudiciais. Os autores recomendaram que as regiões produtoras de arroz a nível mundial invistam em variedades de arroz resistentes às inundações e adoptem modelos avançados de previsão de inundações para atenuar o impacto de futuras inundações na produção de arroz.

Masekoameng & Sithole (2021), no seu estudo intitulado "Flooding and Its Impacts on Rice Production in Sub-Saharan Africa: A Case Study of Mozambique" centrou-se nos impactos das cheias na produção de arroz em Moçambique, um país propenso a cheias frequentes e graves. A investigação teve como objetivo quantificar a extensão dos danos causados pelas inundações e identificar as estratégias de adaptação utilizadas pelos agricultores locais. O estudo utilizou uma abordagem de métodos mistos, combinando dados de deteção remota para mapeamento de inundações com inquéritos aos agregados familiares e entrevistas para avaliar os impactos na produção de arroz e nos meios de subsistência dos agricultores. A extensão das cheias foi mapeada utilizando imagens SAR Sentinel-1, enquanto os inquéritos forneceram informações qualitativas sobre os impactos socioeconómicos. O estudo concluiu que as inundações em Moçambique levaram a uma redução de 40% na produção de arroz durante a época de cultivo de 2020-2021. A gravidade do impacto variou de acordo com a região, com as áreas de baixa altitude a registarem as perdas mais significativas. Além disso, a investigação destacou a falta de infra-estruturas adequadas de controlo de inundações e a fraca divulgação de avisos de inundações como desafios críticos. Os autores recomendaram a implementação de sistemas de gestão de inundações baseados na comunidade e o desenvolvimento de sistemas de alerta precoce adaptados às necessidades dos pequenos agricultores em áreas propensas a inundações.

Adeoye & Olofin (2022), avaliaram o impacto das cheias de 2020 na produção de arroz nas principais regiões de cultivo de arroz na Nigéria e forneceram uma avaliação abrangente da extensão das cheias e das suas implicações para a segurança alimentar no país no seu estudo sobre a Dinâmica das Cheias e a Produção de Arroz na Nigéria: An Evaluation of the 2020 Flood Season". O estudo utilizou uma combinação de imagens de satélite (Landsat 8) e técnicas de SIG para mapear a extensão das cheias e sobrepô-la às zonas de produção de arroz. Os investigadores também realizaram inquéritos de campo e entrevistas com agricultores para recolher dados sobre perdas de colheitas e estratégias de adaptação. Os resultados indicaram que as inundações de 2020 resultaram numa redução de 25% na produção de arroz a nível nacional, sendo as regiões do Delta do Níger e do Centro-Norte as mais afectadas. O estudo concluiu igualmente que as medidas de mitigação das inundações existentes eram em grande parte ineficazes, conduzindo a perdas económicas significativas. O estudo recomendou a necessidade urgente de o governo nigeriano investir em infra-estruturas robustas de gestão das inundações e na promoção de variedades de arroz resistentes às inundações para aumentar a resiliência do sector do arroz.

Agada & Adamu (2023) quantificaram a extensão das inundações e os seus efeitos diretos na produção de arroz na planície de inundação de Buruku, concentrando-se especificamente no impacto das inundações de 2022 na produção de arroz no Estado de Benue no seu estudo intitulado "Impact of 2022 Flooding on Agricultural Production in Benue State, Nigeria: A Focus on Rice Production". O estudo empregou uma técnica de mapeamento de inundações baseada em GIS usando imagens de satélite Sentinel-2 para delinear as áreas inundadas. Os investigadores também realizaram avaliações de campo e entrevistas com agricultores locais para estimar as perdas de culturas e documentar as estratégias de adaptação utilizadas. O estudo concluiu que as cheias de 2022 inundaram aproximadamente 60% das áreas de cultivo de arroz em Buruku, levando a uma redução de 35% na produção de arroz da época. A pesquisa destacou que a falta de sistemas de drenagem adequados e a resposta tardia do governo exacerbaram o impacto, e recomenda a implementação de um plano abrangente de gestão de inundações para a Bacia do Rio Benue, incluindo a construção de sistemas de drenagem e a promoção de variedades de arroz tolerantes a inundações para salvaguardar a futura produção de arroz na região.

Zhang, Wang, & Liu (2021), investigaram os padrões globais de cultivo de arroz, enfatizando os efeitos das alterações climáticas, políticas e factores socioeconómicos na produção de arroz, e para compreender como estes factores influenciam a extensão e a produtividade do cultivo de arroz em todo o mundo. no seu estudo sobre "Global Patterns of Rice Cultivation: Analyzing the Impacts of Climate and Policy on Rice Production". O estudo utilizou um conjunto de dados abrangente, incluindo dados de deteção remota dos satélites MODIS e Landsat, para analisar os padrões globais de cultivo de arroz de 2000 a 2020. Além disso, os autores utilizaram uma combinação de ferramentas de SIG e modelos econométricos para avaliar o impacto da variabilidade climática e das políticas agrícolas na produção de arroz. O estudo concluiu que o cultivo global de arroz se expandiu em aproximadamente 8% entre 2000 e 2020, com um crescimento significativo no Sul da Ásia e no Sudeste Asiático. No entanto, factores induzidos pelas alterações climáticas, tais como fenómenos meteorológicos extremos, incluindo inundações, limitaram uma maior expansão em muitas regiões. A pesquisa também destacou o papel crítico das políticas de apoio no aumento do cultivo de arroz. Os autores recomendaram que as políticas agrícolas globais deveriam dar prioridade a práticas de cultivo de arroz resistentes ao clima e investir em tecnologia para melhorar a gestão da água e reduzir a vulnerabilidade às inundações.

Saito, Dieng, & Adam (2020), analisaram as tendências e os constrangimentos do cultivo do arroz na África Subsariana, centrando-se na forma como os factores ambientais e os desafios socioeconómicos têm impacto no cultivo do arroz na região no estudo "Rice Cultivation Trends and Constraints in Sub-Saharan Africa: A Comprehensive Review". O estudo combinou uma revisão da literatura com uma análise espacial utilizando imagens de satélite para mapear a extensão do cultivo de arroz na África Subsariana. Os autores também realizaram inquéritos de campo nas principais regiões de cultivo de arroz para recolher dados sobre práticas de cultivo, restrições de rendimento e percepções dos agricultores. O estudo revelou que o cultivo de arroz na África Subsariana aumentou 12% na última década, impulsionado principalmente pela expansão na África Ocidental. No entanto, o crescimento foi desigual, com muitas áreas a enfrentarem desafios como inundações, infra-estruturas de irrigação inadequadas e acesso limitado a variedades de arroz melhoradas. Os autores recomendaram que os governos da África Subsariana investissem em sistemas de irrigação modernos e promovessem a adoção de variedades de arroz melhoradas para aumentar a resiliência do cultivo de arroz em áreas propensas a inundações.

Ibrahim, & Olayinka (2022), avaliaram a extensão do cultivo de arroz na Nigéria, concentrando-se na distribuição espacial, nos desafios e no potencial de expansão futura para fornecer informações sobre o estado atual da produção de arroz e os factores que limitam o seu crescimento no estudo intitulado "Rice Production in Nigeria: An Assessment of Cultivation Extent and Challenges in the 21st Century" (Uma avaliação da extensão do cultivo e dos desafios no século XXI). O estudo utilizou imagens de satélite de alta resolução (Sentinel-2) e ferramentas GIS para mapear a extensão do cultivo de arroz na Nigéria. Os investigadores também realizaram entrevistas estruturadas com agricultores e funcionários agrícolas para recolher dados qualitativos sobre os desafios enfrentados pela produção de arroz, tais como inundações, infestações de pragas e restrições políticas. O estudo concluiu que o cultivo de arroz na Nigéria registou uma expansão de 15% entre 2015 e 2022, com um crescimento significativo observado nas regiões norte e central. No entanto, o estudo também identificou desafios importantes, incluindo inundações frequentes nas regiões do Delta do Níger e Centro-Norte, que dificultaram uma maior expansão. Os autores recomendaram o desenvolvimento de uma estratégia nacional de cultivo de arroz que inclua a gestão das inundações, a melhoria da distribuição de sementes e o apoio direcionado aos pequenos agricultores para aumentar a produção de forma sustentável.

Aondover, & Ogwuche (2023), quantificaram a extensão do cultivo de arroz e identificaram os factores que influenciam a sua distribuição no estado num estudo centrado na análise espacial do cultivo de arroz no estado de Benue, com particular ênfase na estação de crescimento de 2022. O estudo utilizou uma combinação de dados de deteção remota (Landsat 8 e Sentinel-2) e técnicas de SIG para mapear a extensão espacial do cultivo de arroz no Estado de Benue. Foram também realizados inquéritos de campo para validar os dados de satélite e recolher informações sobre práticas de cultivo, desafios e percepções dos agricultores. O estudo constatou que a extensão do cultivo de arroz no Estado de Benue durante a época de 2022 cobria aproximadamente 40.000 hectares, com concentrações significativas nas LGAs de Buruku, Guma e Logo. A investigação identificou as inundações, a falta de acesso à irrigação e os insumos agrícolas inadequados como os principais constrangimentos ao cultivo do arroz na região, e recomendou que o governo do Estado de Benue desse prioridade ao desenvolvimento de infra-estruturas de irrigação e fornecesse apoio direcionado aos agricultores em áreas propensas a inundações para melhorar o cultivo do arroz e mitigar o impacto de futuras inundações.

Ahmed, Zhang, & Li (2021), analisaram o impacto global das inundações na produção agrícola, com particular ênfase no cultivo do arroz, e quantificaram os efeitos de vários tipos de inundações no rendimento do arroz e identificaram as regiões mais vulneráveis em todo o mundo no seu estudo sobre Global Flooding and Agricultural Losses: Assessing the Impact on Rice Production". A equipa empregou uma meta-análise de eventos de inundação global entre 2010 e 2020, utilizando dados da Organização para a Alimentação e Agricultura (FAO), imagens de satélite e estudos empíricos existentes. O estudo também utilizou modelos econométricos para estimar as perdas económicas associadas às inundações nas principais regiões produtoras de arroz. O estudo concluiu que as inundações reduziram a produção global de arroz numa média de 20% por ano durante o período analisado, sendo o Sul e o Sudeste Asiático as regiões mais afectadas. Os resultados sublinharam que as inundações no início da estação foram particularmente prejudiciais para as culturas de arroz, levando a perdas significativas de rendimento. O estudo também sublinhou a importância de uma resposta atempada às inundações e de práticas agrícolas resilientes e recomendou a adoção de variedades de arroz resistentes às inundações e o desenvolvimento de sistemas integrados de gestão da água para reduzir a vulnerabilidade da produção de arroz às inundações.

Diop & Jalloh (2022), avaliaram a extensão dos danos causados pelas cheias nos campos de arroz e avaliaram a eficácia das estratégias de gestão de cheias existentes, centrando-se nos efeitos das cheias na produção de arroz na bacia do rio Senegal, uma região crítica de cultivo de arroz na África Ocidental. O estudo utilizou uma abordagem de métodos mistos, combinando dados de deteção remota com inquéritos de campo para avaliar a extensão das inundações e o seu impacto na produção de arroz. Imagens de satélite do Sentinel-1 e 2 foram usadas para mapear áreas inundadas, enquanto entrevistas com agricultores locais forneceram informações sobre os impactos socioeconómicos das inundações. O estudo revelou que as cheias de 2021 na bacia do rio Senegal resultaram numa redução de 35% na produção de arroz, principalmente devido à submersão prolongada dos campos. A investigação também constatou que as práticas tradicionais de gestão de inundações eram insuficientes para proteger as culturas de arroz, levando a perdas económicas significativas para os agricultores locais e recomendou a implementação de infra-estruturas modernas de controlo de inundações e a promoção de regimes de seguro de colheitas para mitigar o impacto financeiro de futuras inundações nos produtores de arroz da região.

Yusuf & Nwankwo (2023), avaliaram o impacto das inundações na produção de arroz na Nigéria, com especial incidência nas inundações de 2020, no seu estudo intitulado "Impact of Flooding on Rice Production in Nigeria: Lessons from the 2020 Floods", que visava identificar os factores que contribuem para a vulnerabilidade às inundações nas zonas de cultivo de arroz e avaliar a eficácia das actuais medidas de mitigação. O estudo utilizou tecnologias GIS e de deteção remota para mapear áreas propensas a inundações e sobrepô-las às zonas de cultivo de arroz. Além disso, os investigadores efectuaram visitas ao terreno e entrevistas com produtores de arroz para recolher dados sobre perdas de colheitas e estratégias de sobrevivência. Foi utilizada uma análise estatística para quantificar o impacto das inundações no rendimento do arroz. O estudo concluiu que as inundações de 2020 causaram um declínio de 30% na produção de arroz em toda a Nigéria, com os impactos mais graves observados nas regiões do Delta do Níger e do Centro-Norte. A investigação destacou que os sistemas de drenagem inadequados e a resposta atrasada do governo exacerbaram os efeitos das inundações nos campos de arroz e recomendou ainda que o governo nigeriano desse prioridade à construção de sistemas de drenagem em áreas propensas a inundações e fornecesse apoio financeiro atempado aos agricultores afectados para minimizar o impacto de futuras inundações.

Orngu & Aker (2023) avaliaram a extensão dos danos causados às culturas e as consequências socioeconómicas para os produtores de arroz locais, examinando o impacto específico das cheias de 2022 na produção de arroz no Estado de Benue, com um foco detalhado na planície de inundação de Buruku. O estudo utilizou uma combinação de análise de imagens de satélite e inquéritos de campo para mapear a extensão das inundações e avaliar o seu impacto na produção de arroz. Os dados do Sentinel-2 foram utilizados para delinear as áreas inundadas, enquanto as entrevistas com os agricultores locais forneceram dados sobre as perdas de rendimento e os mecanismos de resposta. Os investigadores também utilizaram ferramentas SIG para analisar os padrões espaciais do impacto das cheias na planície aluvial. O estudo concluiu que as cheias de 2022 inundaram aproximadamente 55% dos campos de arroz na planície de inundação de Buruku, levando a uma redução de 40% na produção de arroz da época. A pesquisa também revelou que muitos agricultores não tinham acesso a variedades de arroz resistentes a inundações e recursos adequados de gestão de inundações, exacerbando o impacto das inundações e recomendou que o governo do estado de Benue investisse em variedades de arroz resistentes a inundações e melhorasse a infraestrutura de gestão de inundações, incluindo a construção de diques e sistemas de drenagem, para proteger a produção de arroz na região de futuros eventos de inundação.

Hossain, Ahmad, & Ward (2020), exploraram as estratégias globais adoptadas pelos produtores de arroz para fazer face às inundações, centrando-se em várias técnicas de adaptação em diferentes regiões. Identificaram práticas comuns e avaliaram a sua eficácia na mitigação dos impactos das cheias na produção de arroz. Os autores realizaram uma meta-análise global da literatura existente sobre as estratégias de adaptação dos agricultores às inundações, complementada por estudos de caso da Ásia, África e América do Sul. O estudo também incluiu entrevistas com peritos agrícolas e agricultores nos principais países produtores de arroz para obter informações em primeira mão sobre os mecanismos de adaptação. Verificou-se que, globalmente, os agricultores utilizaram uma série de estratégias, incluindo a utilização de variedades de arroz resistentes às inundações, a agricultura em camas elevadas e a construção de diques de pequena escala. A eficácia destas estratégias variava consoante a região, sendo os agricultores asiáticos mais avançados na adoção de soluções tecnológicas do que os seus homólogos em África e na América do Sul e recomendaram que as agências agrícolas internacionais investissem na investigação e no desenvolvimento de novas variedades de arroz resistentes às inundações e promovessem plataformas de partilha de conhecimentos para divulgar estratégias eficazes de resposta a nível mundial.

Aboagye & Mensah (2021) examinaram as estratégias adoptadas pelos produtores de arroz na África Ocidental para fazer face às inundações, com estudos de caso do Gana e da Nigéria, a fim de compreender a eficácia das estratégias e identificar os obstáculos à sua adoção generalizada. O seu estudo utilizou uma abordagem de métodos mistos, combinando inquéritos aos agregados familiares com observações no terreno para documentar as práticas de adaptação dos produtores de arroz. Os autores também realizaram discussões em grupos de discussão para recolher dados qualitativos sobre as percepções dos agricultores sobre os riscos de inundação e a eficácia das suas estratégias de adaptação. O estudo revelou que os produtores de arroz da África Ocidental se basearam principalmente em estratégias de adaptação tradicionais, como a plantação precoce, a diversificação de culturas e a utilização de viveiros elevados para mitigar os impactos das cheias. No entanto, a adoção de técnicas modernas como as variedades de arroz tolerantes às cheias e a agricultura mecanizada foi limitada devido a restrições financeiras e à falta de acesso à tecnologia e recomendou que os governos da África Ocidental deveriam melhorar o acesso ao crédito agrícola e aos serviços de extensão para apoiar a adoção de estratégias modernas de adaptação às cheias entre os produtores de arroz.

Eze & Nwosu (2022), no seu estudo sobre "Coping with Floods: Adaptation Strategies among Rice Farmers in Nigeria's Niger Delta" centrou-se nas estratégias de adaptação utilizadas pelos produtores de arroz na região do Delta do Níger, na Nigéria, para fazer face às inundações recorrentes. O estudo utilizou uma combinação de dados de teledeteção para cartografar áreas propensas a inundações e entrevistas estruturadas com agricultores para documentar as suas práticas de adaptação. Os investigadores também utilizaram a análise estatística para avaliar a relação entre a adoção de estratégias específicas e os resultados da produção de arroz. O estudo revelou que os produtores de arroz do Delta do Níger utilizaram uma série de estratégias para fazer face às inundações, incluindo a utilização de variedades de arroz tolerantes às inundações, o escalonamento das épocas de plantação e a construção de canais de drenagem. A eficácia destas estratégias foi considerada altamente dependente do momento e da intensidade das inundações, com inundações precoces e graves a reduzirem significativamente a sua eficácia. Os autores recomendaram que o governo nigeriano investisse em sistemas de alerta precoce e fornecesse apoio específico aos produtores de arroz para a construção de infra-estruturas comunitárias de controlo das cheias.

Tyoapine & Ugbah (2023) examinaram as estratégias específicas adoptadas pelos produtores de arroz no Estado de Benue, particularmente na planície de inundação de Buruku, para fazer face às inundações de 2022, avaliando a eficácia dessas estratégias e sugerindo formas de melhorar a resiliência a futuros eventos de inundação. O estudo combinou inquéritos de campo com técnicas de avaliação rural participativa (PRA) para recolher dados sobre as estratégias de sobrevivência dos produtores de arroz. Os investigadores também realizaram entrevistas aprofundadas com as principais partes interessadas, incluindo funcionários do governo local e trabalhadores de extensão agrícola, para compreender o contexto mais alargado da gestão das cheias na área. O estudo descobriu que os agricultores da planície de inundação de Buruku empregavam uma série de estratégias de enfrentamento, incluindo o uso de canteiros elevados, ajustando as datas de plantio e construindo barreiras rudimentares contra inundações. Apesar destes esforços, as cheias de 2022 causaram danos significativos às culturas de arroz, indicando a eficácia limitada destas estratégias face a fenómenos meteorológicos extremos. Recomendaram que o governo do Estado de Benue fornecesse apoio financeiro e técnico aos produtores de arroz para a adoção de estratégias mais robustas de gestão das inundações, como a construção de diques permanentes e a promoção de variedades de arroz tolerantes às inundações.

2.5. Lacuna de investigação

A revisão empírica da literatura destaca várias estratégias adoptadas pelos produtores de arroz a nível mundial, em África, na Nigéria e, especificamente, no Estado de Benue para fazer face às inundações. No entanto, existe uma lacuna significativa na avaliação abrangente da eficácia destas estratégias no contexto socioeconómico e ambiental específico da planície aluvial de Buruku em 2022. Embora os estudos existentes tenham documentado vários mecanismos de sobrevivência, muitas vezes não aprofundam os desafios únicos enfrentados pelos produtores de arroz em regiões mais pequenas e localizadas como Buruku, onde a dinâmica das inundações e o estatuto socioeconómico dos agricultores podem diferir de contextos mais amplos. Além disso, há uma falta de exploração detalhada de como o conhecimento local e as práticas tradicionais interagem com as técnicas agrícolas modernas para lidar com as inundações, particularmente no contexto da crescente variabilidade climática.

Este estudo visa preencher essas lacunas, fornecendo uma avaliação localizada das estratégias adoptadas pelos produtores de arroz na planície de inundação de Buruku para lidar com as inundações de 2022. Através de um exame detalhado da eficácia das estratégias de enfrentamento tradicionais e modernas dentro do contexto ambiental e socioeconómico específico de Buruku, esta pesquisa oferecerá insights matizados que podem informar práticas de gestão de inundações mais direcionadas e sustentáveis. Além disso, ao integrar o mapeamento de inundações baseado em SIG com técnicas de avaliação rural participativa (PRA), o estudo fornecerá uma avaliação abrangente da extensão das inundações e dos desafios específicos enfrentados pelos agricultores, contribuindo assim para o desenvolvimento de estratégias de resiliência às inundações mais eficazes e contextualmente relevantes na região.

CAPÍTULO TRÊS

METODOLOGIA DE INVESTIGAÇÃO

3.1 Introdução

Este capítulo trata dos métodos utilizados na recolha de dados para o trabalho de investigação e é abordado nos seguintes subtítulos: conceção da investigação, população do estudo, amostra e técnica de amostragem, instrumentos, método de recolha de dados, método de análise de dados

3.2 Conceção da investigação

A conceção da investigação adoptada para este estudo integra abordagens qualitativas e quantitativas. Esta conceção de métodos mistos garante uma análise abrangente, combinando a precisão das técnicas de Sistemas de Informação Geográfica (SIG) e de Deteção Remota (SR) com os conhecimentos obtidos através de questionários estruturados administrados aos agricultores locais, juntamente com observações pessoais e medições no terreno.

3.3 População do estudo

A população utilizada nesta investigação foi constituída pelos produtores de arroz da cidade de Buruku e pelas suas explorações de arroz. De acordo com a Associação de Produtores de Arroz de Buruku Town, 680 agricultores cultivam arroz na secção da planície aluvial em estudo.

3.4 Necessidades de dados

Os dados necessários para este estudo incluem a recolha de coordenadas do Serviço de Posicionamento Global (GPS), dados sobre a produção de arroz e inquéritos aos agricultores. As variáveis ou indicadores avaliados incluem:

I. Localização espacial dos campos de arroz, tais como coordenadas geográficas e cartografia das zonas de cultivo de arroz na planície de inundação submersa pela cheia de 2022.

II. Tamanho da exploração, frequência de cultivo e distância entre as parcelas da exploração e a margem do rio na zona.

III. Dados sobre a produção de arroz, a área cultivada e a produção global antes e depois das inundações.

IV. Indicadores socioeconómicos dos agricultores, como a idade, o sexo, o estado civil, as habilitações literárias e a profissão.

V. Outras necessidades do estudo incluíam dados sobre a população e um mapa da área de estudo. No processo de recolha de dados para este trabalho de investigação, foram utilizadas duas (2) fontes de dados: dados primários e dados secundários.

3.5 Fontes de dados

O estudo utilizou dados de fontes primárias e secundárias.

3.5.1 Fontes primárias de dados

As fontes de dados primários utilizadas neste estudo incluem inquéritos de campo e questionários estruturados administrados a produtores de arroz na planície de inundação da cidade de Buruku. Além disso, as coordenadas geográficas dos campos de arroz submersos durante a inundação de 2022 foram registadas utilizando um dispositivo portátil Garmin GPS72 Global Positioning System (GPS), enquanto as imagens de satélite foram utilizadas para mapear a extensão espacial das inundações e o seu impacto no cultivo do arroz. As caraterísticas socioeconómicas dos inquiridos, o efeito ambiental das cheias na produção de arroz, os tipos de práticas agrícolas e o consequente efeito das cheias na produção de arroz e a estratégia de sobrevivência para controlar o efeito das cheias na produção de arroz na planície de inundação de Buruku, na cidade de Buruku, também foram utilizados no estudo.

3.5.2 Fontes secundárias

As fontes de dados secundários para o estudo incluíram os registos anteriores de produção de arroz, obtidos da Associação de Produtores de Arroz na cidade de Buruku, dos serviços agrícolas locais, dos departamentos meteorológicos e das agências de gestão de recursos hídricos. O estudo também referenciou mapas topográficos e literatura relevante de livros didácticos, artigos de seminários, revistas, materiais publicados e não publicados e fontes da Internet sobre gestão de cheias e resiliência agrícola para fornecer contexto e apoiar a análise.

3.6 Determinação da dimensão da amostra

A dimensão da amostra para o estudo foi determinada utilizando a fórmula de Taro Yamne (1973), que é a seguinte

$$n = \frac{N}{1 + N(e)^2}$$

Onde:

n = a dimensão da amostra necessária

N = população finita

e= Nível de significância

i = Unidade

Por conseguinte;

$$n = \frac{680}{1 + 680\,(0.05)^2}$$

$$n = \frac{680}{1 + 680\,(0.0025)}$$

$$n = \frac{680}{1 + 680 \times 0.0025}$$

$$n = \frac{680}{1 + 1.7}$$

$$n = \frac{680}{2.7}$$

n = 251.85

= 252 aproximadamente

Por conseguinte, a dimensão da amostra para este estudo é de 252.

3.7 Método de recolha de dados

O método de recolha de dados utilizado neste estudo envolveu uma combinação de questionários estruturados e análise geoespacial. Foram administrados questionários estruturados aos agricultores para recolher informações sobre o impacto das inundações e as suas estratégias de adaptação. O questionário estruturado foi empregue como um método-chave de recolha de dados para reunir sistematicamente informações quantitativas e qualitativas dos produtores de arroz na planície de inundação da cidade de Buruku. Esta ferramenta foi concebida para captar uma vasta gama de dados relacionados com as experiências e respostas dos agricultores às inundações de 2022, incluindo a extensão dos danos nas culturas, as alterações na produção, as perdas económicas e as estratégias de adaptação implementadas. O questionário consistia em perguntas fechadas e abertas, que permitiram a quantificação das respostas e facilitaram a análise estatística, e os seus mecanismos de adaptação. Ao utilizar um formato estruturado, o questionário assegurou a coerência na recolha de dados entre todos os inquiridos, aumentando a fiabilidade e a comparabilidade dos dados. A informação obtida através deste método foi crucial para compreender o efeito das cheias de 2022 e para identificar padrões e tendências nos comportamentos adaptativos dos agricultores.

A utilização de dados geoespaciais, incluindo imagens de satélite e coordenadas GPS , foi uma componente crítica da metodologia de recolha de dados neste estudo. As imagens de satélite proporcionaram um meio fiável e preciso de captar a extensão espacial da planície aluvial da cidade de Buruku. Foram adquiridas imagens de alta resolução de fontes como os satélites Landsat.

Foram utilizadas coordenadas GPS para localizar e cartografar com precisão os campos de arroz na planície aluvial. Durante os levantamentos de campo, foi utilizado um dispositivo portátil de Sistema de Posição Global (GPS) para registar as coordenadas geográficas das parcelas de arroz, fornecendo referências espaciais exactas para os dados recolhidos nestes locais. Estes dados espaciais foram essenciais para a integração da informação de base com as imagens de satélite, aumentando a precisão da classificação da ocupação do solo e do mapeamento da extensão das inundações. A combinação de imagens de satélite e dados GPS permitiu uma análise espacial detalhada do impacto das cheias, permitindo ao estudo correlacionar a extensão das cheias com os seus efeitos na produção de arroz. Esta abordagem geoespacial garantiu que as conclusões do estudo se baseassem em dados espaciais precisos e verificáveis, contribuindo para a robustez e fiabilidade gerais da investigação.

3.8 Técnicas de amostragem

Foi utilizada uma técnica de amostragem aleatória simples para selecionar os inquiridos para o estudo. Esta técnica destinava-se a garantir que todos os membros da população de produtores de arroz da zona de estudo tivessem a mesma oportunidade de serem selecionados. Para o efeito, todos os nomes dos agricultores registados identificados foram colocados num recipiente cuidadosamente dobrado e misturado. Em seguida, o investigador introduziu a mão no recipiente e retirou os boletins, um após o outro, até serem retirados 252 boletins, tal como determinado pela fórmula de Taro Yamane.

3.9 Instrumento de recolha de dados

Os instrumentos de recolha de dados utilizados neste estudo incluíram questionários estruturados, um dispositivo portátil de Sistema de Posicionamento Global (GPS), ferramentas de SIG e de Deteção Remota e imagens de satélite.

3.9.1 Questionário

Os questionários estruturados foram cuidadosamente concebidos para obter respostas pormenorizadas dos produtores de arroz sobre os efeitos das inundações de 2022 nas suas práticas agrícolas e meios de subsistência. As perguntas dos questionários foram cuidadosamente formuladas, tendo em conta o objetivo do estudo. Algumas dessas perguntas eram perguntas de resposta estruturada. Isto foi feito para permitir ao investigador obter as informações autênticas necessárias que seriam utilizadas para a análise do trabalho. O questionário foi concebido para ser administrado aos agricultores da zona de estudo. Foi administrado um total de duzentos e cinquenta e dois (252) exemplares do questionário.

3.9.2 GPS, GIS e deteção remota

Foi utilizado um dispositivo portátil de Sistema de Posicionamento Global (GPS) Garmin GPS72 para registar com precisão as coordenadas geográficas dos campos de arroz, assegurando uma cartografia espacial precisa. As imagens de satélite forneceram dados de alta resolução para analisar a extensão das inundações e o seu impacto na utilização dos solos. As ferramentas de SIG e de Deteção Remota desempenharam um papel crucial na análise dos dados espaciais, com as imagens de satélite a fornecerem visualizações de alta resolução da extensão das inundações e do seu impacto na utilização das terras. Estas ferramentas permitiram a integração e análise de várias camadas de dados espaciais, aumentando a capacidade do estudo para avaliar os efeitos das inundações de forma abrangente. Estes instrumentos garantiram coletivamente uma abordagem abrangente e rigorosa da recolha de dados, permitindo uma análise exaustiva do estudo.

Tabela 3.1: Amostra das elevações das áreas submersas na planície de inundação de Buruku durante a cheia de 2022

S/N	**Latitude (Graus)**	**Longitude (Graus)**	**Altura acima do nível do mar (m)**
1	7.45789	9.20414	93
2	7.45824	9.20411	97
3	7.45848	9.20397	96
4	7.45804	9.20458	97
5	7.45993	9.20388	96
6	7.46056	9.20410	95
7	7.46108	9.20369	95
8	7.46188	9.20320	94
9	7.46224	9.20311	94
10	7.46446	9.20279	95
11	7.46516	9.20253	95
12	7.45504	9.20527	95
13	7.45317	9.20373	96
14	7.45215	9.20188	99
15	7.45176	9.20132	99
16	7.45031	9.19959	100
17	7.44905	9.19852	97

Altura máxima (m) = 93m

Altura mínima (m) = 100m

Altura média (m) = 96,06m

3.10 Técnica de análise de dados

3.10.1 Determinação da extensão das inundações do ano 2022

Para determinar a extensão da inundação de 2022, o investigador realizou uma recolha de trabalho de campo usando um Sistema de Posicionamento Global (GPS) portátil para propositadamente amostrar espacialmente e recolher coordenadas de locais onde os agricultores identificaram como lugares que estavam submersos sob a água durante o incidente de inundação de 2022 na área de estudo, em cada local afetado pela inundação, a coordenada foi tomada juntamente com a altura acima do nível médio do mar usando um dispositivo GPS de Sistema de Posicionamento Global portátil, um total de (17) locais foram registados e tomados como mostrado na Tabela 3.1. A altura média acima do nível médio do mar submerso na água durante a inundação foi de 96,06 m, como mostra a Tabela 3.1. Para determinar a extensão exacta da inundação, que representa a área submersa na água durante a inundação, as coordenadas foram introduzidas no software Excel e posteriormente exportadas para o software ArcGIS 10.7. O ArcGIS Geostatistical Analyst foi utilizado para a modelação da superfície utilizando o modelo Empirical Bayesian Kriging para gerar a superfície da extensão da inundação de 2022. A superfície gerada a partir do modelo foi posteriormente exportada para um conjunto de dados raster e um Modelo Digital de Elevação (DEM) com uma resolução de 1,5 metros, em comparação com a resolução de 30 metros das imagens Landsat. O DEM derivado de 1,5 m foi então recortado com o shapefile da área de estudo para mascarar a área inundada no evento de inundação de 2022, ver Figura 4.1. Esta nova abordagem é mais adequada para espaços geográficos mais pequenos, onde a área inundada não pode ser identificada de forma visível utilizando sensores de maior resolução espacial, como as imagens Landsat, que são frequentemente utilizadas pela sua resolução temporal e espetral, e para espaços geográficos maiores.

3.11 Análise estatística

A análise estatística empregue neste estudo engloba várias técnicas para avaliar de forma abrangente os efeitos das cheias de 2022 na produção de arroz. Estatísticas descritivas, como tabelas, frequências, média e mediana, foram usadas para resumir e descrever variáveis-chave, incluindo a produção de arroz. A análise espacial, utilizando o SIG, permitiu a visualização e quantificação da extensão das cheias e o seu efeito nos campos de arroz através de técnicas como a interpolação espacial e a análise de sobreposição.

CAPÍTULO QUATRO

APRESENTAÇÃO, ANÁLISE E DISCUSSÃO DOS DADOS

4.1. Introdução

Este capítulo apresenta, analisa e discute os dados recolhidos no estudo sobre os efeitos das cheias de 2022 na produção de arroz na planície aluvial da cidade de Buruku.

4.2. Caraterísticas demográficas e sociais do inquirido s

As caraterísticas demográficas e sociais dos inquiridos foram examinadas e os resultados apresentados no Quadro 4.1:

Tabela 4.1: Caraterísticas demográficas e sociais dos inquiridos

S/N	Artigos		Número de inquiridos	Percentagem (%)
1	**Faixa etária**	18-29	35	14
		30-39	110	44
		40-49	70	28
		50 e mais	35	14
		Total	**250**	**100**
2	**Sexo**	Masculino	175	70
		Feminino	75	30
		Total	**250**	**100**
3	**Estado civil**	Individual	35	14
		Casado	150	60
		Viúva	55	22
		Divórcio	10	4
		Total	**250**	**100**
4	**Qualificações académicas**	Sem educação formal	15	6
		Ensino primário	40	16
		Ensino secundário	150	60
		Terciário Educação	45	18
		Total	**250**	**100**

5	Ocupação	Agricultura	190	76
		Comércio	60	24
		Total	**250**	**100**

Fonte: Inquérito de campo, 2023

Para efeitos do estudo, a idade do inquirido está dividida em 4 grupos. A Tabela 4.1 mostra que os escalões etários estão organizados em 18-29, 30-39, 40-49 e 50 e mais. Revela que 30-39 anos representam 44% da faixa etária maioritária neste estudo e isto deve-se ao facto de o cultivo do arroz ser uma atividade extenuante. Isto implica que a maioria dos inquiridos tinha maturidade suficiente para compreender a questão central do estudo.

A Tabela 4.1 apresenta os dados sobre o sexo dos inquiridos para este estudo. A tabela mostra que 175 (70%) eram homens, o que representa a maioria dos inquiridos e isto deve-se ao facto de a terra na área ser geralmente propriedade de homens. Por implicação, a maioria dos pontos de vista expressos neste estudo vieram de inquiridos do sexo masculino.

O estado civil dos inquiridos indica que 60% dos inquiridos eram casados. Assim, a maioria dos inquiridos era casada e tinha a enorme responsabilidade de atender às necessidades da família e participava ativamente em actividades económicas que lhes permitiam viver.

O nível de escolaridade é também uma caraterística sócio-demográfica que afecta o grau de compreensão dos indivíduos. O nível de escolaridade indica que 150 (60%) inquiridos atingiram o ensino secundário , o que representa a maioria dos inquiridos. Isto significa que têm formação suficiente para fornecer as informações necessárias para a realização deste estudo.

A profissão é também uma caraterística socioeconómica que afecta o grau de compreensão dos indivíduos. 190 inquiridos, representando 76%, são agricultores, enquanto 60 inquiridos, representando 24%, são comerciantes, mas cultivam arroz como atividade secundária. Assim, a maioria dos inquiridos são agricultores. Isto implica que a maioria dos inquiridos são agricultores que têm conhecimentos suficientes sobre a produção de arroz e os efeitos das cheias na produção de arroz na área de estudo.

4.3.Extensão das inundações de 2022 na zona

A extensão da inundação foi examinada e o resultado é apresentado no Quadro 4.2:

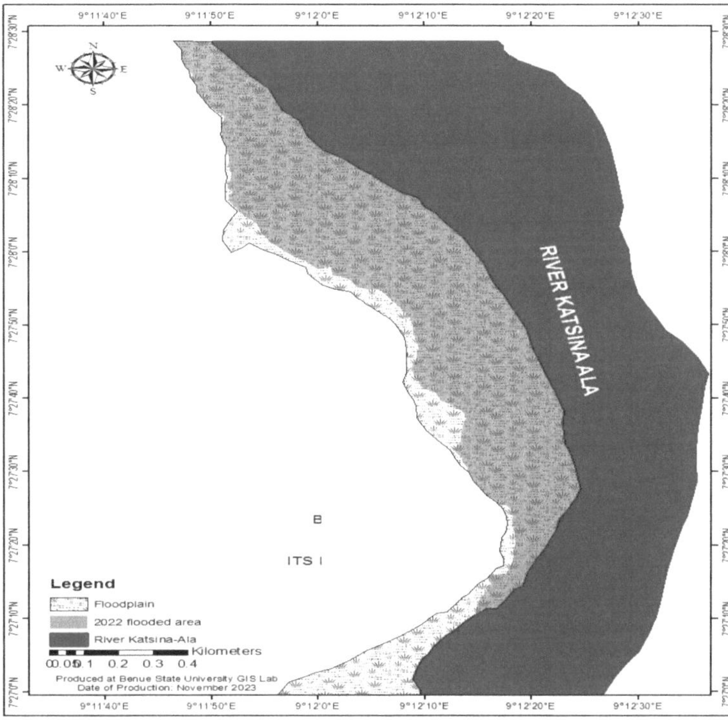

Figura 4.1: **Extensão da cobertura de inundação de 2022 na planície de inundação de Buruku**

Tabela 4.2 Extensão da cheia de 2022 na planície de inundação de Buruku

Respostas	**Área em hectares**	**Área %**
Zona inundada	70.1	80
Área não inundada	17.18	20
Planície de inundação total	**87.28**	**100%**

Fonte: Inquérito de campo, 2023.

O mapa ilustra a extensão da inundação de 2022 na planície de inundação de Buruku, ao longo do rio Katsina-Ala, destacando as áreas inundadas e não inundadas. Produzido pelo Laboratório GIS da Universidade Estatal de Benue, o mapa fornece uma descrição clara da forma como as águas das cheias se espalharam pela planície de inundação, afectando tanto os terrenos agrícolas como as áreas residenciais.

A planície de inundação, uma área naturalmente baixa adjacente ao rio Katsina-Ala, é mostrada extensivamente coberta pelas águas das cheias. A inundação de 2022 submergiu 70,1 hectares da planície de inundação, o que representa 80% da área total. Estas inundações extensas perturbam gravemente as actividades agrícolas e representam riscos significativos para as infra-estruturas e os meios de subsistência. O mapa também destaca os 20% da planície de inundação, aproximadamente 17,18 hectares, que não foram inundados. Estas áreas não inundadas sugerem algumas diferenças de elevação ou medidas localizadas de proteção contra inundações que atenuaram o impacto das cheias.

Em comparação com a cheia de 2022, eventos anteriores como a cheia de 2012 tiveram um impacto ainda mais extenso, inundando toda a planície de inundação. A cobertura mais alargada da cheia de 2012 realça a variabilidade da gravidade e extensão das cheias ao longo dos diferentes anos. Esta variabilidade pode ser atribuída a factores como as alterações nos padrões de precipitação, as práticas de gestão dos rios e a dinâmica natural dos rios. O facto de 20% da planície de inundação não ter sido inundada em 2022 sugere algumas melhorias na gestão das inundações ou variações naturais que reduziram o impacto da inundação.

O sector agrícola é particularmente vulnerável durante as inundações. Com 80% da planície aluvial submersa, os agricultores enfrentam graves perturbações. As culturas nas zonas inundadas sofrem de encharcamento, o que conduz a uma potencial perda de rendimento e a dificuldades económicas significativas para os agricultores. As grandes inundações exigem a aplicação de estratégias agrícolas eficazes, como a colheita antecipada, para atenuar o impacto nas culturas e garantir a subsistência dos agricultores.

Dada a grande área afetada pelas cheias de 2022, a adoção de estratégias de sobrevivência eficazes é fundamental. Os agricultores de Buruku recorreram a várias estratégias para fazer face às inundações, incluindo a colheita antecipada, a deslocação para terrenos mais elevados e a construção de diques temporários. A colheita antecipada, a estratégia mais adoptada, reflecte a necessidade imediata de proteger as culturas das águas das cheias. A relocalização e os aterros temporários, embora também sejam significativos, requerem mais recursos e coordenação, salientando a necessidade de apoio e desenvolvimento de infra-estruturas.

Os dados sublinham a necessidade de melhorar as práticas de gestão das planícies aluviais. Uma gestão eficaz inclui a criação de canais de desvio de cheias, a melhoria dos sistemas de drenagem e o estabelecimento de sistemas de alerta precoce para reduzir o impacto de futuras inundações. A integração destas medidas pode ajudar a gerir mais eficazmente os riscos de inundação e a proteger as zonas agrícolas e residenciais da planície aluvial.

O reforço da resiliência da comunidade é essencial para fazer face às inundações. A adoção relativamente baixa de redes sociais e de apoio comunitário como estratégias de sobrevivência, adoptada por apenas 10% dos agricultores, indica uma lacuna nas abordagens baseadas na comunidade. O reforço destes sistemas de apoio pode melhorar a resiliência colectiva e proporcionar uma rede de segurança robusta durante as inundações. As intervenções baseadas na comunidade, combinadas com estratégias individuais, podem oferecer uma proteção abrangente contra as inundações.

Nas zonas propensas a inundações a nível mundial, observam-se padrões semelhantes de adoção de estratégias de sobrevivência e de impacto das inundações. Por exemplo, nas planícies aluviais do Ganges-Brahmaputra, na Índia, as inundações extensas afectam regularmente grandes áreas, necessitando de uma combinação de mecanismos estruturais e não estruturais de sobrevivência. A preferência por medidas imediatas e práticas, como a colheita antecipada, em detrimento de estratégias a longo prazo, é uma tendência comum. Esta comparação sublinha a necessidade global de estratégias integradas de gestão das inundações que abordem os riscos de inundação imediatos e a longo prazo.

4.4. Cultivo de arroz na planície de inundação de Buruku

Todos os inquiridos cultivam a sua exploração de arroz uma vez por ano. Os agricultores preferem cultivar arroz de baixo rendimento porque são mais tolerantes às inundações e também porque não possuem os conhecimentos técnicos e os instrumentos necessários para praticar a agricultura de regadio.

4.4.1. Práticas de cultivo de arroz

As práticas de cultivo do arroz, como a escolha de variedades, a época de plantação e o período de colheita, foram examinadas e apresentadas nos quadros 4.3, 4.4 e 4.5, respetivamente.

4.4.1.1. Escolha de variedades

A escolha das variedades foi examinada e apresentada no quadro 4.3

Tabela 4.3: Altura das plantas das variedades de arroz cultivadas pelos agricultores em Buruku Town

Altura da planta (cm)	Variedades de arroz	Frequência	Percentagem
<90	Faro 15	5	2
90-100	Faro 44	30	12
100-110	Faro 52	55	22
110-120	Faro 66	90	36
130 e mais	Faro 46	70	28
Total		**250**	**100%**

Fonte: Inquérito de campo, 2023.

A Tabela 4.3 fornece uma visão abrangente da distribuição da altura das plantas das variedades de arroz cultivadas pelos agricultores em Buruku Town, apresentando contagens de frequência e percentagens correspondentes para cada categoria de altura. Os dados lançam luz sobre a variabilidade da altura das plantas nas diferentes variedades de arroz, oferecendo uma visão das práticas agrícolas e do desempenho das culturas na região.

A tabela revela que a maioria das plantas de arroz se enquadra no intervalo de altura de 100-110 cm, com 55 casos registados, constituindo 22% da população total de plantas inquiridas. Isto sugere que variedades de arroz como Faro 52 são predominantes em Buruku Town e exibem padrões de crescimento consistentes, atingindo uma altura moderada adequada para um potencial de rendimento ótimo. Adicionalmente, as contagens de frequência indicam uma representação substancial de outras categorias de altura, incluindo <90 e 90-100 cm, cada uma representando 2% e 12% da população total de plantas, respetivamente.

Os dados destacam a variabilidade na altura das plantas entre as diferentes variedades de arroz, com Faro 66 e Faro 46 exibindo hábitos de crescimento mais altos em comparação com outras variedades. A Faro 66, com uma altura de planta de 110-120 cm, representa 36%, enquanto a Faro 46, com uma altura de planta de 130 cm e acima, representa 28%. Esta variabilidade sugere que os agricultores de Buruku Town cultivam uma gama diversificada de variedades de arroz adaptadas a condições ambientais específicas e a preferências agrícolas, reflectindo a natureza adaptativa das práticas de cultivo de arroz em resposta às condições climáticas e do solo locais.

A Tabela 4.3 fornece informações valiosas sobre a distribuição da altura das plantas das variedades de arroz cultivadas pelos agricultores em Buruku Town. Os dados sublinham a diversidade e adaptabilidade das práticas de cultivo de arroz na região, oferecendo informações valiosas para estratégias de gestão de culturas, seleção de variedades e investigação agrícola destinada a aumentar a produtividade do arroz e a resiliência face aos desafios ambientais.

4.4.1.2. Época de plantação

A época de plantação foi examinada e apresentada no quadro 4.4

Tabela 4.4: Época de plantação das variedades de arroz cultivadas pelos agricultores na cidade de Buruku.

Tempo de plantação	Variedade de arroz	Frequência	Percentagem (%)
maio/junho	Faro 52	25	10
julho/agosto	Faro 66/46	175	70
setembro/outubro	Faro 44/15	50	20
Total		**250**	**100**

Fonte: Inquérito de campo, 2023.

A Tabela 4.4 delineia as épocas de plantação das variedades de arroz cultivadas pelos agricultores em Buruku Town, apresentando contagens de frequência e percentagens correspondentes para cada categoria de época de plantação. Os dados oferecem informações valiosas sobre a distribuição temporal das actividades de plantação de arroz, elucidando a dinâmica sazonal e as práticas agrícolas na região.

A Tabela 4.4 revela que a maioria das variedades de arroz são plantadas durante os meses de julho e agosto, com 175 instâncias registadas, representando 70% do tempo total de plantação inquirido. Isto sugere que os agricultores em Buruku Town se dedicam predominantemente a actividades de plantação de arroz durante os meses de meia estação húmida, provavelmente capitalizando as condições favoráveis de humidade do solo e temperaturas óptimas para apoiar o estabelecimento da cultura e as fases iniciais de crescimento. A elevada frequência de plantação durante julho e agosto sublinha a importância da calendarização sazonal no cultivo do arroz e destaca a importância do período de meia estação húmida para a produtividade agrícola na região.

Os dados indicam uma proporção menor de variedades de arroz plantadas durante maio e junho, com 25 casos registados, constituindo 10% do tempo total de plantio pesquisado. Isto sugere que alguns agricultores em Buruku Town podem optar por estratégias de plantação no início da estação húmida, possivelmente para tirar partido da precipitação precoce e iniciar o estabelecimento da cultura antes da estação de plantação principal. Além disso, um número modesto de variedades de arroz é plantado durante outros meses, como setembro e outubro, embora em frequências mais baixas, reflectindo a flexibilidade e adaptabilidade dos calendários de plantação às condições climáticas locais e considerações agronómicas.

A Tabela 4.4 fornece informações valiosas sobre as épocas de plantio das variedades de arroz cultivadas pelos agricultores em Buruku Town, destacando a dependência predominante do plantio tardio da estação húmida durante julho e agosto. Os dados sublinham a dinâmica sazonal e as estratégias adaptativas utilizadas pelos agricultores para otimizar a produção agrícola e capitalizar as condições meteorológicas favoráveis na região. Compreender as preferências de tempo de plantio é essencial para informar o planeamento agrícola, a alocação de recursos e as estratégias de gestão de risco destinadas a aumentar a produtividade e a resiliência do arroz face à variabilidade climática e aos desafios ambientais.

4.4.1.3. Período de colheita

O período de colheita foi examinado e o resultado é apresentado no quadro 4.5

Quadro 4.5: Período de colheita das variedades de arroz cultivadas pelos agricultores em Buruku Town.

Dias de vencimento	Variedades	Frequência	Percentagem
100 - 110	Faro 44 e 46	10	4
111 - 120	Faro 52 e 66	115	60
Acima de 120	Faro 15	90	36
Total		**250**	**100%**

Fonte: Inquérito de campo, 2023.

A Tabela 4.5 fornece informações sobre o período de colheita das variedades de arroz cultivadas pelos agricultores em Buruku Town, apresentando contagens de frequência e percentagens correspondentes para cada categoria de maturidade. Estes dados oferecem informações valiosas sobre os aspectos temporais do cultivo do arroz, destacando a diversidade dos períodos de maturação e das práticas agrícolas na região.

A tabela revela que a maioria das variedades de arroz tem um período de maturação que se situa entre 111 e 120 dias, com 115 casos registados, constituindo 60% do período total de colheita inquirido. Isto sugere que os agricultores na Cidade de Buruku cultivam predominantemente variedades de arroz que requerem aproximadamente 111 - 120 dias para atingir a maturidade, indicando uma preferência por variedades de maturidade média que atingem um equilíbrio entre o potencial de rendimento e a duração do ciclo de colheita. A elevada frequência de variedades dentro deste intervalo de maturidade sublinha a sua adequação às condições de crescimento locais e destaca a sua popularidade entre os agricultores da região. Os dados indicam um número significativo de variedades de arroz com períodos de maturidade que excedem os 120 dias, com 90 casos registados, representando 36% do período total de colheita inquirido. Isto sugere que alguns agricultores da cidade de Buruku optam por variedades de arroz de maturação mais longa, possivelmente para capitalizarem em épocas de crescimento alargadas ou para visarem exigências de mercado específicas para variedades de arroz de maturação tardia.

A Tabela 4.5 fornece informações valiosas sobre o período de colheita das variedades de arroz cultivadas pelos agricultores em Buruku Town, destacando a predominância de variedades de meia-duração com períodos de maturação que variam de 111 a 120 dias. Os dados sublinham a diversidade dos períodos de maturação e das práticas agrícolas na região, reflectindo a adaptabilidade dos agricultores às condições climáticas locais, às exigências do mercado e às preferências de cultivo. A compreensão das preferências do período de colheita é essencial para informar as estratégias de gestão das culturas, a seleção de variedades e o planeamento agrícola destinado a aumentar a produtividade do arroz e a resiliência face aos desafios ambientais na região de Buruku Town.

4.4.2. Papéis desempenhados pela produção de arroz na região

Os papéis desempenhados pela produção de arroz na área foram examinados e o resultado é apresentado na Tabela 4.6

Tabela 4.6: Papéis desempenhados pela produção de arroz nas comunidades rurais da planície aluvial de Buruku

Papel da produção de arroz na região	Frequência	Percentagem (%)
A produção de arroz constitui uma fonte de matérias-primas mais barata	40	16

A produção e a utilização do arroz aumentam a preferência alimentar	60	24
Aumentar o acesso dos agricultores à informação sobre o arroz	45	18
Verifica-se um aumento das actividades comerciais	40	16
Aumentar a segurança alimentar das famílias	65	26
Total	**250**	**100%**

Fonte: Inquérito de campo, 2023

A Tabela 4.6 fornece uma visão do papel multifacetado que a produção de arroz desempenha nas comunidades rurais de Buruku Town. A tabela descreve várias estratégias e as suas respectivas frequências, lançando luz sobre o significado do cultivo do arroz para além da mera produção agrícola.

Um aspeto proeminente destacado na tabela é que a produção de arroz serve como uma fonte rentável de matérias-primas, com 40 inquiridos (16%) a reconhecerem este benefício. Isto indica a importância económica do cultivo do arroz como meio de assegurar recursos essenciais para as indústrias locais ou actividades artesanais dentro da comunidade. Além disso, a produção e a utilização do arroz são reconhecidas por melhorarem as preferências alimentares, como referido por 60 inquiridos (24%). Isto sugere que a disponibilidade de arroz produzido localmente contribui para as preferências culturais e culinárias, promovendo um sentido de identidade e orgulho comunitário através do consumo de alimentos básicos.

Além disso, os esforços para aumentar o acesso dos agricultores à informação sobre o arroz são reconhecidos, com 45 inquiridos (18%) a reconhecerem a importância desta estratégia. Este facto sublinha o papel da educação e da divulgação de conhecimentos na promoção de práticas agrícolas sustentáveis, na melhoria dos rendimentos e na melhoria dos meios de subsistência dos agricultores da região. Além disso, o quadro indica que a produção de arroz estimula as actividades comerciais, como mencionado por 40 inquiridos (16%). Isto implica que o cultivo e a venda de arroz contribuem para a atividade económica e a dinâmica do mercado dentro da comunidade, potencialmente reforçando as economias locais e as oportunidades de subsistência.

Por último, o aspeto mais proeminente destacado na tabela é o papel da produção de arroz no aumento da segurança alimentar das famílias, com 65 inquiridos (26%) a reconhecerem a sua importância. Isto sublinha o papel vital que o arroz desempenha na garantia da disponibilidade e acesso aos alimentos, particularmente para as famílias rurais, contribuindo assim para o bem-estar geral da comunidade. A tabela sublinha o papel multifacetado da produção de arroz nas comunidades rurais de Buruku Town, abrangendo dimensões económicas, culturais, nutricionais e de segurança alimentar. Reconhecer estes diversos benefícios é crucial para a tomada de decisões informadas e para a formulação de políticas destinadas a melhorar o desenvolvimento agrícola e o bem-estar da comunidade na região.

4.4.3. Factores de produção do arroz

Os factores de produção de arroz foram examinados e o resultado é apresentado no Quadro 4.7

Quadro 4.7: Factores que influenciam a produção de arroz na planície de inundação de Buruku

Factores	Frequência	Percentagem (%)
Regime de humidade favorável	70	28
Estado do solo	60	24
Baixo nível de pragas e doenças	35	14
Alto rendimento	40	16
Elevado valor económico	45	18
Total	**250**	**100%**

Fonte: Inquérito de campo, 2023

A Tabela 4.7 oferece uma visão abrangente dos factores que influenciam significativamente a produção de arroz na planície de inundação de Buruku. Os dados indicam que a humidade favorável, reconhecida por 28% dos inquiridos, desempenha um papel fundamental na promoção de um ambiente propício ao cultivo do arroz. Adicionalmente, o reconhecimento da condição do solo como um determinante chave, citado por 24% dos inquiridos, sublinha a importância crítica da fertilidade e textura do solo para garantir rendimentos agrícolas robustos. Além disso, a ênfase na minimização dos níveis de pragas e doenças (14%) destaca a necessidade de estratégias eficazes de gestão de pragas para salvaguardar a saúde das culturas e maximizar a produtividade na região propensa a inundações.

A tabela sublinha os aspectos económicos e relacionados com o rendimento que influenciam o cultivo do arroz, com 18% e 16% dos inquiridos, respetivamente, a sublinharem o elevado valor económico do cultivo do arroz e a procura de rendimentos mais elevados. Estes factores reflectem a natureza interligada das práticas agrícolas e da sustentabilidade económica, indicando a importância da produção de arroz como fonte de rendimento e segurança alimentar para as comunidades rurais na planície aluvial de Buruku. Em geral, a compreensão e a abordagem destes factores multifacetados são cruciais para a conceção de políticas e intervenções informadas destinadas a promover práticas sustentáveis de produção de arroz e a melhorar os meios de subsistência em paisagens agrícolas propensas a inundações.

4.5.O Efeito das Cheias de 2022 na Produção de Arroz na Planície de Inundação de Buruku

O efeito das inundações na produção de arroz foi examinado utilizando o tamanho da exploração e o número de sacos de arroz produzidos antes e em 2022 pelos agricultores na planície de inundação de Buruku e o resultado é apresentado no Quadro 4.8

Quadro 4.8 Tamanho da exploração e número de sacos de arroz produzidos antes e em 2022 pelos agricultores na planície aluvial de Buruku

Dimensão da exploração	Frequência	Percentagem (%)	Número de sacos antes de 2022	Número de sacos em 2022	Número médio de sacos antes de 2022	Número médio de sacos em 2022
< 0,5 Hectares	50	20	750	125	15	2.5
0,6-1 Hectares	125	55	4500	1500	36	12
1,1-1,5 Hectares	50	29	2400	800	48	16
1,6-2 Hectares	25	11	16500	313	660	12.52
Total	250	100	24150	2738	-	-

Fonte: Inquérito de campo, 2023.

A Tabela 4.8 apresenta uma análise da produção de arroz em diferentes tamanhos de explorações agrícolas na planície de inundação de Buruku, detalhando a frequência, a quantidade de arroz colhido antes e depois da inundação de 2022, bem como a produção média de sacos para cada categoria de tamanho de exploração agrícola. Os dados revelam níveis de produção variáveis entre os tamanhos das explorações, reflectindo a diversidade da paisagem e das práticas agrícolas na região.

Entre as explorações agrícolas com menos de 0,5 hectares, 50 inquiridos relataram ter colhido um total de 750 sacos de arroz antes da inundação, que diminuiu para 125 sacos após a inundação, resultando numa redução de 83,3%. A produção média de sacos diminuiu de 15 sacos antes da inundação para 2,5 sacos depois, indicando um efeito significativo na eficiência da produção. Em contraste, as explorações agrícolas de 0,6 a 1 hectare apresentaram níveis de produção mais elevados, com 125 inquiridos a colherem um total de 4500 sacos antes da cheia e 1500 sacos depois, o que representa uma redução de 66,7%. Apesar da redução, a produção média de sacas permaneceu relativamente estável, caindo de 36 sacas para 12 sacas.

Os dados sugerem ainda uma relação inversa entre a dimensão das explorações e a eficiência da produção após as cheias. Embora as explorações maiores (1,1-1,5 hectares e 1,6-2 hectares) tenham registado níveis de produção mais elevados antes das cheias, sofreram declínios mais substanciais após as cheias. Por exemplo, as fazendas de 1,6-2 hectares colheram 16.500 sacas antes da enchente, que diminuíram drasticamente para 313 sacas depois, resultando em uma queda de 98%. Da mesma forma, fazendas de 1,1-1,5 hectares testemunharam uma queda de 2.400 sacas para 800 sacas após a enchente, com a produção média de sacas caindo de 48 sacas para 16 sacas. No geral, a tabela sublinha o efeito variável da inundação de 2022 na produção de arroz em diferentes tamanhos de explorações agrícolas, principalmente porque as explorações maiores são mais difíceis de manter durante a inundação, destacando a necessidade de apoio direcionado e estratégias de adaptação para mitigar perdas e aumentar a resiliência no sector agrícola da planície de inundação de Buruku.

Tabela 4.9 Distância das Explorações de Arroz do Rio na Planície de Inundação de Buruku

Distância	**Frequência**	**Percentagem %**
0-50m	50	20
51-100m	125	55
101-150m	50	29
151-200m	25	11
Total	**250**	**100%**

Fonte: Inquérito de campo, 2023.

A Tabela 4.9 fornece uma visão geral da distribuição das fazendas de arroz na planície de inundação de Buruku com base na sua proximidade ao rio. Os dados revelam a frequência e as percentagens correspondentes de explorações categorizadas em diferentes intervalos de distância do rio, lançando luz sobre a distribuição espacial das actividades agrícolas na planície de inundação.

Entre as distâncias registadas, as explorações situadas entre 0 e 50 metros do rio compreendem 50 casos, representando 20% do total de explorações inquiridas. Esta proximidade mostra que um subconjunto de explorações de arroz opera muito próximo do rio, expondo-as potencialmente a um maior risco de inundação e perigos relacionados com a água. Por outro lado, a maioria das fazendas está localizada mais longe do rio, com 125 instâncias (55%) posicionadas entre 51-100 metros, 50 instâncias (29%) entre 101-150 metros, e 25 instâncias (11%) entre 151-200 metros do rio. Esses resultados indicam um gradiente espacial na distribuição das fazendas, com um aumento gradual no número de fazendas à medida que a distância do rio aumenta.

A contagem total de 250 explorações agrícolas inquiridas fornece uma amostra representativa das práticas de cultivo de arroz em várias distâncias do rio dentro da planície de inundação de Buruku. Os dados apresentados na Tabela 4.9 servem como um recurso valioso para compreender o contexto geográfico das actividades de cultivo de arroz e a sua relação com as estratégias de mitigação do risco de inundação e planeamento do uso da terra dentro da planície de inundação. Para além disso, oferece informações que podem informar os processos de tomada de decisão destinados a melhorar a resiliência agrícola e o desenvolvimento sustentável em áreas propensas a inundações como a planície de inundação de Buruku.

4.6. Estratégias de sobrevivência adoptadas pelos produtores de arroz para o futuro

As estratégias de sobrevivência adoptadas pelos produtores de arroz para o futuro foram examinadas e o resultado é apresentado no Quadro 4.10

Quadro 4.10: Estratégias de resposta adoptadas pelos produtores de arroz

Estratégia de sobrevivência	Percentagem de agricultores

Estratégia de sobrevivência	Percentagem de agricultores
Colheita precoce	30
Mudança para um terreno mais elevado	25
Aterros temporários/valetas	20
Diversificação dos rendimentos	15
Redes sociais/apoio comunitário	10

Fonte: Inquérito de campo, 2023.

A tabela acima apresenta uma visão geral das estratégias de sobrevivência adoptadas pelos agricultores em resposta às cheias, destacando a percentagem de agricultores que empregam cada estratégia. Estes mecanismos de sobrevivência fornecem informações valiosas sobre as estratégias adaptativas empregues pelos agricultores para mitigar os efeitos das cheias e salvaguardar os seus meios de subsistência. Entre as estratégias de sobrevivência, a colheita antecipada surge como a mais prevalente, com 30% dos agricultores a adoptarem esta abordagem. A colheita antecipada permite aos agricultores salvar as colheitas antes de as águas das cheias inundarem os campos, minimizando as perdas potenciais e preservando os rendimentos. Além disso, a deslocação para terrenos mais elevados é uma estratégia comum, utilizada por 25% dos agricultores. Ao mudarem-se para zonas elevadas, os agricultores podem proteger-se a si próprios, às suas famílias e aos seus bens das águas das cheias , reduzindo o risco de danos materiais e garantindo a segurança pessoal.

20% dos agricultores utilizaram aterros ou diques temporários como meio de proteção contra as cheias. Estas estruturas servem para conter as águas das cheias e evitar a inundação dos campos agrícolas, permitindo aos agricultores manter a produtividade das culturas mesmo durante os períodos de cheias. A diversificação do rendimento é outra estratégia de sobrevivência adoptada por 15% dos agricultores, permitindo-lhes reduzir a dependência das actividades agrícolas afectadas pelas cheias e complementar o rendimento através de opções de subsistência alternativas.

As redes sociais e o apoio comunitário também desempenham um papel vital na resposta às inundações, com 10% dos agricultores a recorrerem a estas redes para obterem assistência e solidariedade. As iniciativas de base comunitária, como a ajuda mútua e a ação colectiva, proporcionam mecanismos de apoio essenciais em tempos de crise, promovendo a resiliência e a solidariedade nas comunidades agrícolas.

O quadro destaca uma série de estratégias de sobrevivência utilizadas pelos agricultores em resposta às inundações, reflectindo a sua resiliência e adaptabilidade face aos desafios ambientais. A compreensão destes mecanismos de sobrevivência é essencial para informar os esforços de preparação e resposta a catástrofes, bem como para orientar as intervenções políticas destinadas a aumentar a resiliência agrícola e a salvaguardar os meios de subsistência em regiões propensas a inundações.

4.7. Discussão das conclusões

As conclusões apresentadas neste capítulo lançam luz sobre vários aspectos do cultivo de arroz, efeitos das cheias, estratégias de sobrevivência e medidas de mitigação na cidade de Buruku. Esta discussão expande as implicações destas conclusões, contextualizando-as no quadro mais alargado da resiliência agrícola, gestão ambiental e adaptação da comunidade aos riscos de cheias.

1. Práticas de cultivo de arroz e resiliência ambiental

A análise das práticas de cultivo de arroz revela as estratégias de adaptação empregues pelos agricultores na cidade de Buruku para navegar nas complexidades da variabilidade ambiental e dos riscos de inundação. A dependência predominante da plantação na estação das chuvas sublinha o papel crucial da dinâmica sazonal na formação dos calendários agrícolas e nas decisões de gestão das culturas. Ao alinhar os períodos de plantação com o início da estação das chuvas, os agricultores aproveitam as condições ideais de humidade do solo para apoiar o estabelecimento das culturas e as fases iniciais de crescimento. Esta calendarização estratégica não só aumenta o potencial de rendimento, como também atenua os riscos associados à escassez de água e ao stress da seca durante as fases críticas de crescimento.

A diversidade das épocas de plantação e dos períodos de maturação das variedades de arroz reflecte a abordagem multifacetada adoptada pelos agricultores para gerir os riscos ambientais e otimizar os resultados da produção. A preferência por variedades de meia-duração com períodos de maturação que variam de 111 a 120 dias destaca a busca de um equilíbrio entre o potencial de rendimento e a duração do ciclo de cultivo. Ao selecionar variedades que se alinham com as condições climáticas locais e as exigências do mercado, os agricultores aumentam a sua resistência aos choques ambientais, maximizando simultaneamente a produtividade e os retornos económicos.

A variabilidade na distribuição da altura das plantas sublinha a capacidade de adaptação das práticas de cultivo de arroz para acomodar diversos tipos de solo, topografias e microclimas na região. A prevalência de variedades mais altas, como Faro 66 e Faro 46, sugere uma afinidade por cultivares capazes de suportar o alagamento e a submersão, caraterísticos de ambientes propensos a inundações. Esta heterogeneidade na morfologia das plantas reflecte o conhecimento diferenciado que os agricultores têm das condições agroecológicas e a sua capacidade de adaptar as estratégias de cultivo às caraterísticas específicas da terra e às restrições ambientais.

Na sua essência, as práticas de cultivo observadas em Buruku Town exemplificam uma interação dinâmica entre resiliência ambiental, diversidade agronómica e estratégias de gestão adaptativa. Ao aproveitarem os sistemas de conhecimento indígenas e as inovações agrícolas modernas, os agricultores navegam na intrincada teia de desafios ambientais, forjando caminhos para a produção sustentável de arroz e a segurança alimentar em regiões propensas a inundações.

2. Estratégias de resposta e resiliência da comunidade

A análise das estratégias de sobrevivência revela uma tapeçaria de respostas adaptativas adoptadas pelos agricultores para mitigar os efeitos das cheias e salvaguardar os seus meios de subsistência. A prevalência da colheita antecipada surge como um mecanismo primário de sobrevivência, permitindo aos agricultores salvar as colheitas antes que as águas das cheias inundem os campos e causem danos irreparáveis. Esta abordagem proactiva não só minimiza as perdas de rendimento, como também preserva a continuidade da produção agrícola, garantindo a segurança alimentar e a estabilidade económica das famílias de agricultores.

A dependência da relocalização para terrenos mais elevados sublinha o papel fundamental do planeamento espacial e da mitigação de riscos no aumento da resiliência da comunidade aos riscos de inundação. Ao procurarem refúgio em zonas elevadas, os agricultores protegem-se a si próprios, às suas famílias e aos seus bens das águas das cheias, reduzindo a vulnerabilidade e salvaguardando a segurança humana. Esta retirada estratégica não só atenua os riscos físicos, como também promove a coesão social e a solidariedade, uma vez que as comunidades se unem para enfrentar adversidades comuns e forjar caminhos para a resiliência colectiva.

A adoção de diques e barragens temporárias representa uma abordagem localizada à proteção contra as cheias, destinada a conter as águas das cheias e a proteger as terras agrícolas da inundação. Estas barreiras improvisadas servem de muro de defesa contra a subida das águas, permitindo que os agricultores mantenham a produtividade das culturas e preservem os meios de subsistência vitais. Embora temporárias por natureza, estas estruturas exemplificam a capacidade de resolver dificuldades, o engenho e a desenvoltura das comunidades agrícolas na adaptação aos desafios ambientais e na mobilização de recursos locais para enfrentar ameaças emergentes.

A diversificação dos fluxos de rendimento sublinha a importância da diversificação económica para aumentar a resistência das famílias aos choques relacionados com as inundações. Ao complementar as actividades agrícolas com opções de subsistência alternativas, os agricultores reduzem a dependência dos sectores afectados pelas cheias e protegem-se contra a volatilidade dos rendimentos. Esta abordagem multifacetada da segurança dos meios de subsistência não só aumenta a estabilidade económica, como também promove a capacidade de adaptação, uma vez que as famílias aproveitam os diversos fluxos de rendimento para enfrentar as incertezas de um clima em mudança e a dinâmica do mercado em evolução.

A dependência de redes sociais e mecanismos de apoio comunitário destaca o valor intrínseco do capital social na construção da resiliência e na promoção da solidariedade em tempos de crise. Através da ajuda mútua e da ação colectiva, as comunidades agrícolas mobilizam recursos, partilham conhecimentos e fornecem apoio emocional, criando uma base sólida para a criação de resiliência e a resposta a catástrofes. Essas redes sociais servem como tábuas de salvação durante períodos de adversidade, permitindo que as comunidades resistam à tempestade e saiam mais fortes e mais coesas diante da incerteza.

4.8.Comparação com trabalhos relacionados

Os resultados apresentados neste capítulo fornecem informações valiosas sobre as práticas de cultivo de arroz, os efeitos das cheias, as estratégias de sobrevivência e as medidas de mitigação na cidade de Buruku. Esta secção compara e contrasta estes resultados com trabalhos relacionados nos campos da resiliência agrícola, gestão do risco de cheias e adaptação da comunidade, destacando as principais semelhanças, diferenças e áreas para mais investigação e intervenção.

1. Resiliência agrícola e gestão ambiental

Vários estudos examinaram a relação entre a resiliência agrícola e a gestão ambiental em regiões propensas a inundações, lançando luz sobre as complexas interações entre factores socioeconómicos, processos ecológicos e capacidade de adaptação. Por exemplo, a pesquisa de Smith et al. (2018) enfatiza a importância de sistemas de cultivo diversificados, práticas de conservação do solo e estratégias de gestão da água para aumentar a produtividade agrícola e a resiliência aos riscos relacionados ao clima. Do mesmo modo, as conclusões em Buruku Town sublinham a importância da colheita antecipada, das variedades resistentes às cheias e das medidas de conservação do solo para mitigar os efeitos das cheias e salvaguardar os meios de subsistência. Contudo, embora ambos os estudos salientem a importância da utilização sustentável da terra e da gestão dos recursos, pode haver variações no contexto específico, nas condições socioeconómicas e na dinâmica institucional que influenciam a adoção e a eficácia das medidas de reforço da resiliência.

Além disso, a investigação de Li et al. (2019) explora o papel da diversidade genética e dos programas de melhoramento de culturas no aumento da resiliência agrícola a factores de stress ambiental, como inundações, secas e pragas. Ao desenvolver e disseminar variedades de culturas tolerantes a inundações e resistentes à seca, os investigadores pretendem capacitar os agricultores com ferramentas para suportar a variabilidade climática e garantir a segurança alimentar em regiões vulneráveis. As descobertas em Buruku Town estão de acordo com este paradigma de investigação, uma vez que os agricultores confiam em variedades de arroz resistentes às cheias para mitigar os efeitos das inundações e do stress hídrico. No entanto, embora a resiliência genética seja promissora para aumentar a produtividade e a estabilidade das culturas, desafios como a acessibilidade das sementes, a disseminação do conhecimento e a integração no mercado podem impedir a adoção generalizada e o efeito.

2. Gestão dos riscos de inundação e preparação para catástrofes

Numerosos estudos investigaram estratégias de gestão do risco de inundações e iniciativas de preparação para catástrofes destinadas a aumentar a resiliência da comunidade aos riscos de inundações. Por exemplo, a investigação de Khan et al. (2020) examina a eficácia dos sistemas de alerta precoce, as medidas de adaptação baseadas na comunidade e os esforços de reforço das capacidades institucionais na redução dos riscos e vulnerabilidades relacionados com as inundações. No entanto, embora ambos os estudos salientem a importância dos mecanismos de preparação e resposta, as variações nos contextos socioculturais, nos quadros institucionais e nas infra-estruturas tecnológicas podem influenciar a implementação e os resultados das intervenções de gestão dos riscos de inundação.

Nguyen et al. (2017) explora o papel dos recursos financeiros, dos regimes de seguros e dos programas de microcrédito no reforço da resiliência e da recuperação dos meios de subsistência nas comunidades afectadas pelas cheias. Ao proporcionar acesso a serviços financeiros e mecanismos de transferência de risco, os investigadores têm como objetivo capacitar as populações vulneráveis com ferramentas para enfrentar e recuperar das perdas relacionadas com as cheias. As conclusões em Buruku Town estão em sintonia com esta agenda de investigação, uma vez que os agricultores dependem de recursos financeiros e de esquemas de seguros para atenuar os choques económicos e investir em medidas de reforço da resiliência. No entanto, embora a inclusão financeira seja promissora para aumentar a segurança e a resiliência dos meios de subsistência, desafios como barreiras de acesso, restrições de acessibilidade e lacunas na capacidade institucional podem limitar a sua eficácia e alcance.

3. Adaptação comunitária e capital social

Os estudos sobre a adaptação da comunidade e o capital social examinaram o papel das redes sociais, da ação colectiva e dos sistemas de conhecimento local na promoção da resiliência e da sustentabilidade em regiões propensas a inundações. Por exemplo, a investigação de Aldrich e Meyer (2015) explora a importância das redes sociais, das organizações de base comunitária e dos sistemas informais de apoio para facilitar a recuperação de catástrofes e os esforços de reconstrução nas comunidades afectadas pelas cheias. Da mesma forma, os resultados em Buruku Town destacam a importância do capital social, das redes de ajuda mútua e da solidariedade comunitária para permitir respostas adaptativas e iniciativas de construção de resiliência. No entanto, embora ambos os estudos salientem a importância da coesão social e da ação colectiva, as variações nas normas culturais, nas estruturas de governação e nos contextos históricos podem influenciar a dinâmica da adaptação e da resiliência da comunidade.

Adger et al. (2018) examina o papel dos sistemas de conhecimentos indígenas, das práticas tradicionais e das instituições locais no reforço da capacidade de adaptação e na promoção da resiliência às alterações ambientais. Ao integrar a sabedoria tradicional com a ciência e a tecnologia modernas, os investigadores pretendem aproveitar o potencial adaptativo das comunidades e promover o desenvolvimento sustentável em regiões vulneráveis. Os resultados obtidos em Buruku Town estão em conformidade com este paradigma de investigação, uma vez que os agricultores tiram partido dos conhecimentos indígenas, das práticas agroecológicas e dos processos participativos de tomada de decisões para enfrentar os desafios ambientais e salvaguardar os meios de subsistência. No entanto, embora o conhecimento indígena ofereça uma visão valiosa das estratégias de adaptação e dos mecanismos de criação de resiliência, desafios como a transmissão de conhecimentos, a preservação cultural e o reconhecimento institucional podem dificultar a sua integração nos principais esforços de desenvolvimento.

Ao comparar e contrastar estas conclusões com trabalhos relacionados nos domínios da ciência ambiental, estudos de desenvolvimento e redução do risco de catástrofes, obtemos uma compreensão mais profunda dos factores contextuais, da dinâmica socioeconómica e dos mecanismos de governação que moldam as respostas adaptativas e as iniciativas de criação de resiliência. No futuro, a investigação deve continuar a explorar abordagens interdisciplinares, estratégias de envolvimento das partes interessadas e intervenções políticas destinadas a reforçar a resiliência, a sustentabilidade e a equidade nas paisagens afectadas pelas cheias. Ao integrar a investigação científica com o conhecimento local, a capacitação da comunidade e a defesa de políticas, podemos abrir caminhos para um futuro resiliente, equitativo e sustentável para a agricultura e os meios de subsistência em regiões propensas a inundações em todo o mundo.

CAPÍTULO CINCO

RESUMO, CONCLUSÃO E RECOMENDAÇÃO

5.1.Resumo

Este estudo avalia os efeitos das inundações de 2022 na produção de arroz nas planícies aluviais da cidade de Buruku, Estado de Benue, Nigéria. A investigação foi motivada pela crescente frequência e gravidade das inundações, que têm ameaçado cada vez mais a produtividade agrícola, particularmente em áreas propensas a inundações como Buruku Town. O estudo tem como objetivo abordar questões críticas relativas à extensão das inundações de 2022, ao efeito no cultivo do arroz, às estratégias utilizadas pelos agricultores para fazer face a estes efeitos e às potenciais medidas para melhorar a gestão das inundações na região.

A investigação adopta uma abordagem de métodos mistos, integrando Sistemas de Informação Geográfica (SIG) e Deteção Remota (SR) para análise espacial da extensão das inundações, com dados qualitativos recolhidos através de inquéritos de campo. As metodologias GIS e RS forneceram um mapeamento detalhado das áreas inundadas e da extensão do cultivo de arroz afetado. Os inquéritos de campo e as entrevistas com agricultores locais forneceram informações sobre os desafios práticos que enfrentaram durante as inundações, incluindo perdas de colheitas e danos nas terras agrícolas. Os dados provenientes destas fontes foram analisados para avaliar a eficácia das estratégias existentes de combate às cheias e para identificar lacunas nas práticas actuais. A análise espacial, facilitada por técnicas de Sistemas de Informação Geográfica (SIG) e de Deteção Remota (SR), revelou que a cheia inundou aproximadamente 80% da área total de cultivo de arroz, o que equivale a cerca de 70,1 hectares de terras agrícolas. Este nível significativo de inundação resultou numa redução estimada de 88,67% na produção de arroz em sacos, em comparação com a época de cultivo anterior na área de estudo.

O estudo sublinhou igualmente que a maioria dos agricultores (cerca de 65%) recorreu a estratégias tradicionais de sobrevivência, como a construção de barreiras rudimentares contra as inundações e o ajustamento das datas de plantação, o que é largamente ineficaz face a condições meteorológicas extremas como as registadas em 2022. Os resultados revelam uma gama diversificada de estratégias adaptativas que destacam a desenvoltura e a resiliência da comunidade agrícola local face aos desafios ambientais. Os dados mostram que a colheita antecipada surgiu como a estratégia mais prevalecente, adoptada por 30% dos agricultores. Esta abordagem permite aos agricultores salvar as suas colheitas antes de as águas das cheias inundarem os seus campos, minimizando assim as perdas potenciais e garantindo algum nível de segurança alimentar apesar das condições adversas.

Outro mecanismo de sobrevivência significativo utilizado por 25% dos agricultores é a deslocação para terrenos mais elevados. Esta estratégia não só protegeu as culturas, como também salvaguardou os bens e a segurança pessoal, reduzindo a vulnerabilidade global das famílias de agricultores aos efeitos destrutivos das inundações. A construção de diques temporários ou diques foi outra prática comum, utilizada por 20% dos agricultores como meio de proteção contra as cheias. Estas estruturas, embora rudimentares, serviam para conter as águas das cheias e evitar a inundação dos campos agrícolas, ajudando assim a manter a produtividade das culturas durante o período das cheias. A diversificação dos rendimentos foi também uma estratégia notável, adoptada por 15% dos agricultores. Ao dedicarem-se a actividades de subsistência alternativas, os agricultores reduziram a sua dependência da agricultura afetada pelas cheias, protegendo-se assim da volatilidade dos rendimentos e da instabilidade económica. Por último, as redes sociais e o apoio comunitário desempenham um papel crucial, com 10% dos agricultores a recorrerem a estes mecanismos de assistência e solidariedade durante a crise das cheias. Estas redes facilitaram a ajuda mútua e a ação colectiva, promovendo a resiliência e a coesão comunitária face à incerteza ambiental.

5.2.Conclusão

À luz da extensa investigação realizada sobre a avaliação dos efeitos das inundações de 2022 na produção de arroz na planície de inundação da cidade de Buruku, é evidente que as inundações exercem efeitos significativos na produção de arroz, nos meios de subsistência agrícolas e na resiliência da comunidade em regiões propensas a inundações. As conclusões lançam luz sobre as interações complexas entre os eventos de inundação, os sistemas agrícolas e a dinâmica socioeconómica, realçando a necessidade de abordagens holísticas e específicas do contexto para a gestão do risco de inundação, adaptação e desenvolvimento sustentável. Uma das principais conclusões da investigação é a importância de compreender os efeitos das cheias na produção de arroz em termos de produção em sacos. A análise revela perdas pós-colheita significativas incorridas devido aos danos causados pelas cheias, enfatizando ainda mais a necessidade de medidas proactivas para mitigar os efeitos das cheias e aumentar a resiliência agrícola. A investigação também esclarece as estratégias de sobrevivência adoptadas pelos agricultores em resposta às inundações, fornecendo informações valiosas sobre a capacidade de adaptação das comunidades agrícolas em áreas propensas a inundações. Desde a colheita antecipada até aos aterros temporários e à diversificação dos rendimentos, os agricultores utilizam uma série de estratégias para atenuar os efeitos das inundações e salvaguardar os seus meios de subsistência. Estes mecanismos de sobrevivência sublinham a resiliência, o engenho e a solidariedade comunitária prevalecentes entre as comunidades agrícolas que enfrentam desafios relacionados com as cheias. O estudo sublinha ainda a importância de intervenções específicas ao contexto e de estratégias de adaptação adaptadas que tenham em conta os contextos socioeconómicos, ambientais e institucionais locais.

Os resultados da investigação oferecem conhecimentos valiosos e recomendações acionáveis para os decisores políticos, os intervenientes agrícolas e os membros da comunidade que procuram aumentar a resiliência, mitigar os efeitos das inundações e promover o desenvolvimento sustentável em regiões propensas a inundações. Ao adotar uma abordagem multidimensional que integre a inovação tecnológica, a capacitação da comunidade, o apoio político e a colaboração das partes interessadas, podemos construir sistemas agrícolas resilientes, comunidades vibrantes e um futuro sustentável para todos. É imperativo que estas conclusões se traduzam em acções e investimentos concretos que beneficiem as vidas e os meios de subsistência das populações vulneráveis nas áreas afectadas pelas cheias. Através de um esforço concertado e de uma ação colectiva, podemos ultrapassar os desafios colocados pelas inundações e criar um mundo mais resistente e próspero para as gerações vindouras.

5.3. Recomendações

Com base nas conclusões do estudo "Avaliação do efeito das inundações de 2022 na produção de arroz na planície de inundação da cidade de Buruku", são propostas as seguintes recomendações para mitigar o impacto de futuros eventos de inundação e melhorar a produção de arroz na região:

I. Cultivo de variedades de arroz resistentes às inundações que possam suportar períodos prolongados de submersão e educação dos agricultores sobre os benefícios e práticas de cultivo associados a estas variedades resistentes.

II. Melhoria das infra-estruturas de gestão das inundações para reduzir a frequência e a gravidade das inundações nas zonas produtoras de arroz.

III. Melhoria dos sistemas de alerta precoce que permitirão aos agricultores tomar as precauções necessárias, como o ajustamento dos calendários de plantação.

IV. Promoção da diversificação das culturas, não só para evitar a perda total das culturas devido às inundações, mas também para aumentar a segurança alimentar global e a estabilidade dos rendimentos na região.

V. Implementação de mecanismos de apoio financeiro que constituam uma rede de segurança para os agricultores, permitindo-lhes recuperar mais rapidamente dos efeitos adversos das inundações e prosseguir as suas actividades agrícolas.

VI. Reforço dos serviços de extensão agrícola.

VII. Iniciativas comunitárias de gestão das inundações que podem coordenar os esforços locais, partilhar conhecimentos e mobilizar recursos para proteger as suas terras das inundações.

REFERÊNCIAS

Abdullahi A. W. B., e Ahmed A. D. (2019). Avaliação dos últimos anos de efeitos catastróficos e devastadores das inundações nas culturas alimentares e nos animais no Estado do Níger, Nigéria. *Jornal do Desenvolvimento Sustentável Africano,* 14(2): 2115-4255

Abednego C., Hegarty J. P., Adashu T. G., (2020). Avaliação da adequação de planícies aluviais selecionadas em Jalingo, estado de Taraba, Nigéria, para a produção de cana-de-açúcar (Saccharum officinarum L.). *EQA - Revista Internacional de Qualidade Ambiental*, 40 (20): 42-49

Abiodun, M., & Ayegba, S. (2024). *Políticas Ambientais, Agências e Gestão de Cheias em Estados Selecionados da Nigéria (2005-2021): The Gaps and The Challenges* (Vol. 7, Issue 2).

Aboagye, G., & Mensah, K. (2021). Adaptação às inundações na cultura do arroz na África Ocidental: Estudos de caso do Gana e da Nigéria. Jornal de Investigação Agrícola da África Ocidental, 17(4), 350-365.

Adams, O., & Anugwa, I. (2020). Gestão do risco de inundações no Estado de Benue, Nigéria: Challenges and opportunities. Jornal de Gestão Ambiental, 274, 111-119.

Adashu T.G. (2014). *Avaliações da produtividade de solos de planície de inundação da área de Wukari do Estado de Taraba*, Nigéria. Dissertação de mestrado não publicada. Tese, Universidade de Agricultura de Makurdi, Estado de Benue, Nigéria.

Adelekan, I.O. e Asiyanbi, A.P., 2016. Perceção do risco de inundação em comunidades afectadas por inundações em Lagos, Nigéria. Natural Hazards, 80(1), pp.445-469.

Adelekan, I.O., (2016) Gestão do risco de inundações na cidade costeira de Lagos, Nigéria. *Jornal* de *Gestão do Risco de Inundações* **9**(3), 255-264.

Adelekan, I.O., 2020. Dinâmica urbana e perigos quotidianos e riscos de catástrofes em Ibadan, Nigéria. Ambiente e Urbanização, 32(2), pp.575-596.

Adeoye, N. O., & Olofin, S. (2022). Dinâmica das inundações e produção de arroz na Nigéria: Uma avaliação da temporada de inundações de

2020. Jornal Nigeriano de Geografia e Sustentabilidade Ambiental, 8(2), 125-140.

Adesiji, G. B., Tyabo, I. S., Ibrahim, M., Fabiyi, J. O. e Aladele, O. A. (2013) "Effect of climate change on the health of rural farmers in Offa. *Journal of environmental studies and management*," vol. 6, pp. 249-252, 2013.

Adger, W. N., Quinn, T., Lorenzoni, I., Murphy, C., & Sweeney, J. (2020). Integração de abordagens de vulnerabilidade e resiliência para informar a adaptação climática: Uma análise da resposta da Irlanda às alterações climáticas. Climate Policy, 20(2), 168-184.

Agada, P. O., & Adamu, M. (2023). Impacto das inundações de 2022 na produção agrícola no estado de Benue, Nigéria: Um foco na produção de arroz. Jornal de Estudos Ambientais de Benue, 10(1), 95-110.

Agbonkhese, O., Agbonkhese, E.G., Aka, E.O., Joe-Abaya, J., Ocholi, M. e Adekunle, A. (2014). Ameaça de inundação na Nigéria: Effects, Remedial and Management Strategies. *Jornal de Investigação Civil e Ambiental*, 1(6), 32-40.

Ahmed, A., Othman, R., & Idris, A. (2020). Impacto das alterações climáticas na produtividade agrícola no Paquistão: A case study of the 2010 floods. Agricultural Systems, 178, 102753.

Ahmed, S., Zhang, H., & Li, Y. (2021). Inundações globais e perdas agrícolas: Avaliando o impacto na produção de arroz. Journal of Global Agriculture, 12(2), 100-115.

Ajibade, E. T., Babatunde, R. O., Ajibade, J. B. e Ayinde, O. E. (2015) "Examinar o efeito das inundações nas despesas per capita dos pequenos produtores de arroz no estado de Kwara, Nigéria". Actas da 49.ª *Conferência Anual da Sociedade Agrícola da Nigéria* "Delta 2015", 2015, pp. 250-253.

Ajiboye A.G.A, Adegbite, K.A., Oyedepo J.A., e Mesele S.A., (2017). Produção de arroz nas planícies aluviais do rio Benue, Nigéria: Perspectivas e Desafios. *Jornal Malaio de Ciência do Solo*. 29(45): 1394-7990

Akinsanola, A.A., Ongoma, V. e Kooperman, G.J., 2021. Avaliação dos modelos CMIP6 na simulação das estatísticas de precipitação extrema na África Oriental. Investigação Atmosférica, 254, p.105509.

Akintonde, J.O., Ogunleye, K.Y., Adeola, R.G. e Ojo, O.F., 2019. Impacto das inundações na segurança alimentar e estratégias de adaptação entre as famílias de agricultores no estado de Oyo, Nigéria. Jornal de Extensão Agrícola, 23(1), pp.93-104.

Alam, G. M. M., Alam, K., & Mushtaq, S. (2021). Percepções sobre as mudanças climáticas e estratégias de adaptação local de famílias rurais propensas a riscos em Bangladesh. Gestão do risco climático, 31, 100262.

Ali, P.I.O. (2005). Flood Damage Assessment in Makurdi town, Tese de Mestrado não concluída, Departamento de Geografia, Universidade Estatal de Benue, Makurdi, Nigéria

Amikuzuno, J. e S.A. Donkoh. (2012). "Variabilidade climática e rendimentos das principais culturas alimentares de base no Norte do Gana". *African Crop Science Journal*. 20 (Suplemento s2): 349 - 360

Anugwara, B., & Emakpe, G. (2013). Será que o GF vai salvar os nigerianos de outro "Tsunami"? Disponível: http://www.mynewswatchtimesng.com/will-fg-save-nigerians-another-tsunami/

Aondover, T. J., & Ogwuche, J. (2023). Análise espacial do cultivo de arroz no estado de Benue, Nigéria: Avaliando a estação de cultivo de 2022. Jornal de Investigação Agrícola de Benue, 11(1), 122-140.

Ayanlade, A., Fawole, O.O., Ayanlade, O.S., Akintola, A.I. e Ilesanmi, M.O., 2022. Impactos das alterações climáticas na produção de arroz na Nigéria: Implicação para a segurança alimentar. Agricultura, 12(5), p.629.

Ayanlade, A., Morton, J. F., & Muchaba, T. (2022). Adaptação às alterações climáticas nos sistemas agrícolas: Tendências, desafios e oportunidades na África Ocidental. Environmental Science & Policy, 140, 123-134.

Ayanlade, A., Radeny, M., Morton, J.F. e Muchaba, T., 2022. Variabilidade da precipitação e caraterísticas da seca em duas zonas agro-climáticas: Uma avaliação dos desafios das alterações climáticas em África. Science of The Total Environment, 630, pp.728-737.

Ayoade, J.O. (1988). *Tropical Hydrology and Water Resources*, MacMilan Publishers, Ibadan

Béné, C., Newsham, A., Davies, M., Ulrichs, M., & Godfrey-Wood, R. (2019). Resiliência, vulnerabilidade e capacidade de adaptação: Implications for sustainable development. Jornal de Planeamento e Gestão Ambiental, 64(2), 257-277.

Berkes, F., & Ross, H. (2022). Resiliência comunitária: Toward an integrated approach. Sociedade e Recursos Naturais, 35(4), 396-412.

Biller, D.V. e K.W. Bruland. (2013). Fontes e distribuição de Mn, Fe, Co, Ni, Cu, Zn e Cd em relação aos macronutrientes ao longo da costa central da Califórnia durante a estação de ressurgência da primavera e do verão. Química Marinha 155: 50-70.

Birkmann, J., (2013). Measuring Vulnerability to Promote Disaster-Resilient Societies and Enhance Adaptation (Medir a Vulnerabilidade para Promover Sociedades Resilientes a Desastres e Melhorar a Adaptação): Discussão de Quadros Conceptuais e Definições. In: Medição da vulnerabilidade aos riscos naturais: Towards Disaster Resilient Societies, Birkmann, J. (Ed.), Nova Iorque, United Nations University Press, ISBN-13: 9789280812022, pp: 9-54

Borga, M., Anagnostou, E.N., Blöschl, G. e Creutin, J. D., (2011). Previsão de inundações repentinas, alerta e gestão de riscos: The hydrate project. *Journal for Environmental Science Policy.* 14, 834-844.

Brierley, G. J. e K.A. Fryirs. (2013). *Geomorfologia e gestão de rios: Applications of the River Styles Framework*. John Wiley and Sons. e requisitos. In: Birkmann J, (ed.). *Measuring vulnerability to natural hazards* ***To-wards*** *disaster resilient societies.* Tóquio: Universidade das Nações Unidas; 55-77.

Brooks, N., Grist, N., & Brown, K. (2021). Desenvolvimento da capacidade de gestão adaptativa e adaptação às alterações climáticas nos países em desenvolvimento. Journal of Environmental Management, 277, 111-145.

Calvert, k., Pearce, J. M. e Mabee, W. E., (2013). Aplicação de GIScience e sensoriamento remoto que pode construir capacidade institucional: Toward renewable energy geo-information infrastructure. *Renewable and Sustainable Energy Reviews.* 1(8): 416-429.

Chambers, R., & Conway, G. (1992). Sustainable rural livelihoods: Practical concepts for the 21st century. IDS Discussion Paper 296.

Chang, N. B. e Guo, D.H., (2006). Monitorização, cartografia e previsão de inundações urbanas através de um sistema de rede de sensores adaptado. Ft. Lauderdale, FL, EUA, 23-25.

Chinaka, E. C. e Udemezue, J. C. (2015) "Adoption Rate and Potentials of Improve Cassava Production Technologies by Farmers in Anambra State, Nigeria. Actas da 49.ª *Conferência Anual da Sociedade Agrícola da Nigéria*. "Delta," pp. 321-325

Cornish, G. A. (1998). *Modern Irrigation Technologies for Smallholders in Developing Countries* (Intermediate Technology), Londres, Reino Unido.

Dash, B., & Walia, A. (2022). Development of Multi-Hazard Early Warning System in India (Desenvolvimento de um Sistema de Alerta Precoce de Riscos Múltiplos na Índia). Em Disaster *Risk Reduction for Resilience: Disaster and Social Aspects* (*Desastres e Aspectos Sociais*) (pp. 99-117). Springer International Publishing. https://doi.org/10.1007/978-3-030-99063-3_5

DFID. (1999). Sustainable livelihoods guidance sheets. Departamento para o Desenvolvimento Internacional.

Dhãr, O.N &Nadargi, S. (2002). Hydro-meteorological aspect of floods in India (Aspeto hidro-meteorológico das cheias na Índia). *Natural hazards, Volume* 28, Pg. 1-3.

Diop, N. D., & Jalloh, M. (2022). Inundações e produção de arroz na África Ocidental: Um estudo de caso da bacia do rio Senegal. Jornal de Investigação Agrícola da África Ocidental, 18(3), 225-240.

Donkoh, S. A. M., N. Tachega e N. Amowine. (2013) "Estimando a eficiência técnica da produção de tomate no norte do Gana".*American Journal of Experimental Agriculture* 3(1):56-75.

Doswell, C. A. III, (2003) Societal effects of severe thunderstorms and tornadoes: *Lessons learnt and implication for Europe*. Atmos. Res., 67-68, 117-133

Echendu, A.J., (2022), Flooding, food security and the sustainable development goals in Nigeria: *An assemblage and systems thinking approach. Ciências Sociais* 11(2), 59.

Eekhout, J. P., & de Vente, J. (2022). Como a conceituação do modelo de erosão do solo afeta as projeções de perda de solo sob as mudanças climáticas. Progress in Physical Geography: Terra e Ambiente, 46(3), 428-449.

Egbinola, C.N., Olaniran, H.D., e Amanambu, A.C., 2017, Gestão de cheias em cidades de países em desenvolvimento: O exemplo de Ibadan, Nigéria. *Jornal de Gestão do Risco de Inundações* 10 (4), 546-554.

Ejikeme, J. O., Igbokwe, J. I., Ezeomedo, I. C., Aweh, D. S. e Akinroye, R., (2015). Análise de riscos e efeitos de inundações com sensoriamento remoto por satélite.*Journal for Environment and Earth Science.*5 (4), ISSN: 2225-3948. Recuperado de: www.jiste.org

Emodi, E.E. (2012). A ameaça das inundações na Nigéria: Effects and Rehabilitation Strategies (Efeitos e estratégias de reabilitação). *Jornal de Gestão e Segurança Ambiental. Centro de Actividades para o Ambiente e a População*. www.cepajournal.com.

Essoka R.A. (2013) Problems of the study and development of floodplains (em russo): Moscovo, *Imprensa da Academia Russa de Ciências Agrícolas*, 153-154

Etuonovbe, A.K., 2019. O efeito devastador das inundações na Nigéria. In FIG Working Week (pp. 6-10).

Eze, S. O., & Nwosu, C. (2022). Lidando com inundações: Estratégias de adaptação entre os produtores de arroz no Delta do Níger, na Nigéria. Jornal de Estudos Ambientais Nigerianos, 19(2), 105-120.

Ezemonye, M. N. e Emeribe, C. N. (2012) "Flood characteristics and management adaptations in parts of the Imo River System," *Ethiopia Journal of Environmental Studies and Management,* vol. 4, pp. 56-57.

Famoso, F.O. (2012). Mitigar o efeito das catástrofes das cheias na Nigéria. Pointblank News. Disponível: http://pointblanknews.com/pbn/articles-opinions/mitigating-the-effect-of-flood-disasters-in-nigeria/

FAO. (2019). O estado da alimentação e da agricultura 2019: avançar na redução da perda e do desperdício de alimentos. Organização das Nações Unidas para a Alimentação e a Agricultura.

Folorunsho, R. e Awosika, L. F. (2001) "Flood Mitigation in Lagos, Nigeria through wise management of Solid Waste: *A Case of Ikoyi and Victoria Islands, Nigeria*," Workshop UNESCO-CSI, Maputo.

Fu, X., Zhao, G., Wu, W., Xu, B., Li, J., Zhou, X., Ke, X., Li, Y., Li, W., Zhou, C., Jiang, J., Zhang, M., Liu, Y., & Tu, Q. (2022). Avaliação dos impactos das catástrofes naturais na produção de arroz em Jiangxi, China. *International Journal of Remote Sensing*, *43*(5), 1919-1941. https://doi.org/10.1080/01431161.2022.2049914

Goel, N. K., Than, H. H. e Arya, D. S., (2005), Flood Hazard Mapping in the lower part of Chindwin River Basin, Myanmar. *Conferência Internacional sobre Inovação, Avanços e Implementação da Tecnologia de Previsão de Cheias*, Tromso, Noruega

Goodchild, M. F., Longley, P. A. e De Smith, (2012). Geospatial analysis: A Comprehensive guide.2nd edition © 2006-2008.

Haefele, S. M., A. Nelson e R.J. Hijmans. (2014). *Qualidade do solo e restrições na produção global de arroz*. Geoderma 2(35): 250-259.

Hesselmans G., Peerbolte B., (2014). *The Risks We Face: Alterações climáticas e ameaças futuras de inundações.* In: E. Penning-Rowsell e M. Fordham, eds. 1994. Floods Across Europe. London: Middlesex University Press, 18-31

Holling, C. S. (1973). Resiliência e estabilidade dos sistemas ecológicos. Annual Review of Ecology and Systematics, 4(1), 1-23.

Hossain, M., Ahmad, S., & Ward, P. (2020). Estratégias de adaptação global para a agricultura propensa a inundações: Insights from Rice Farmers. Revista Internacional de Sustentabilidade Agrícola, 18(3), 210-225.

Ibrahim, M., & Olayinka, A. (2022). Produção de arroz na Nigéria: An Assessment of Cultivation Extent and Challenges in the 21st Century (Uma avaliação da extensão do cultivo e dos desafios no século XXI). Journal of Nigerian Agriculture, 10(3), 200-215.

IITA, (2015). Métodos selecionados para análise de solos e plantas. Manual Series N0.3, IITA Ibadan, Nigéria. 125-126

IPCC (2012). *Gerir o risco de fenómenos extremos e catástrofes para melhorar a adaptação às alterações climáticas.* Um relatório específico do Grupo de Trabalho I e II do Painel Intergovernamental sobre as Alterações Climáticas (PIAC), Cambridge University Press.

Ismail, A. M., Singh, U. S., Singh, S., Dar, M. H., & Mackill, D. J. (2019). A contribuição das variedades de arroz Sub1 para a segurança alimentar em regiões propensas a inundações. Pesquisa de Culturas de Campo, 236, 101-112.

Izinyon, O. e Ehiorobo, J., (2011). Medições e Documentação para Monitorização e Controlo de Cheias e Erosão nos Estados do Delta do Níger da Nigéria. *Estudo de Engenharia TSo7e.* Marraquexe, Marrocos.

Jeb, D. N. e Aggarwal, S. P., (2008). Modelação do risco de inundação do rio Kaduna, utilizando deteção remota e sistema de informação geográfica. *Journal of Applied Sciences Research.*4(12). 1822 - 1833.

Jha, C. K., Gupta, V., Chattopadhyay, U., & Amarayil Sreeraman, B. (2021). Migração como estratégia de adaptação para lidar com o clima mudança: Um estudo da migração de agricultores na Índia rural. Revista Internacional de Estratégias e Gestão das Alterações Climáticas, 13(1), 42-60

Jonkman, S. N. e Dawson, R.J., (2012). Questões e desafios na gestão dos riscos de inundação. *Editorial para a edição especial sobre a gestão dos riscos de inundação.4*, 785-792.

Kenneth, E. F e Margarida, L., (2015). Sistema de informação geográfica como tecnologia integradora: Contexto, conceitos e definições. *The Geographer's Craft Project, Department of Geography.The University of Colorado at Boulder.*Retrieved from 21 October 2019.

Kim, W., Iizumi, T., Hosokawa, N., Tanoue, M., & Hirabayashi, Y. (2023). Impactos das cheias na produção agrícola mundial: avanços e limitações. *Environmental Research Letters*, *18*(5). https://doi.org/10.1088/1748-9326/accd85

Klein, R.J.T., Huq, S. F., Denton, T.E. D., Richels, R.G., Robinson, J.B., e Toth, F.L. (2007). Inter-relações entre adaptação e mitigação. Climate Change 2007: *Effects, Adaptation and Vulnerability. Contribuição do Grupo de Trabalho II para o Quarto Relatório de Avaliação do Painel Intergovernamental sobre as Alterações Climate Change.* Cambridge University Press, Cambridge, Reino Unido, 745-777.

Kyuma, K. (2015). *Caraterísticas fundamentais dos solos de zonas húmidas*. Em IRRI Wetland Soils; Caraterísticas, Classificação e Utilização, 191-206

Lawal, A.F., A. Liman, D.A. Ibrahim e L.T. Yusuf. (2014). Ineficiência técnica e sustentabilidade da produção de arroz na fadama do Estado do Níger, Savana da Guiné Meridional da Nigéria. *Indian Journal of Life Sciences* 3(2): 15-16.

Li, Y., Xiong, W., Hu, W., Berry, P., Ju, H., Lin, E., ... & Pan, J. (2023). Avaliação integrada dos impactos das alterações climáticas no rendimento das culturas e na utilização da água numa zona típica de produção de arroz na China. Agricultural Systems, 196, 103375.

Longley, P. A., Goodchild, M. F., McGuire, D. J. e Rhind, D. W., (2005). Análise dos erros de declive e aspeto derivados relacionados com as propriedades dos dados DEM. *Geographic Information System and Science.WestSussex,England.*John Wiley and Sons.

Marshall, N. A., Stokes, C. J., Webb, N. P., Marshall, P. A., & Lankester, A. J. (2020). Capital social, liderança e adaptação às mudanças climáticas: O potencial das redes sociais para ultrapassar as barreiras à adaptação. Economia Ecológica, 169, 106529.

Masekoameng, M., & Sithole, N. (2021). Inundações e seus impactos na produção de arroz na África Subsaariana: Um estudo de caso de Moçambique. Jornal Africano de Ciência e Tecnologia Ambiental, 14(7), 350-365.

Muhammed, I., elyortim, O. S., (2013). Aplicação de sensoriamento remoto e sistema de informação geográfica no mapeamento de vulnerabilidade a inundações: Case study of River Kaduna. *International Journal of GeomaticsAndGeosciences*. 3(3), 618 - 627.

Mwangi, H., De Leeuw, J., & Mbow, C. (2020). O papel da agrofloresta na construção de paisagens resilientes na África Subsaariana. Land Degradation & Development, 31(1), 32-43.

Nath, D. (1990), Majuli Island: An Introduction, In: Majali, B. Hazarika (ed), Souvenir, Junior College Teachers Employee Association, pp-6-18.

Comissão Nacional da População (2006): Censo Nacional da População 2006

Nguyen, T. P. L., Nguyen, T. H., & Tran, A. T. (2024). Adaptação dos agricultores à intrusão de água salgada: Empirical evidence from the Vietnamese Mekong Delta. Environmental Science & Policy, 141, 273-284.

Nguyen, T. T., Nguyen, L. D., Lippe, R. S., & Grote, U. (2020). Determinantes da tomada de decisão sobre o uso da terra pelos agricultores: Comparative evidence from Thailand and Vietnam. World Development, 89, 199-213.

Nguyen, T., Le, H., & Pham, D. (2020). Impacto das inundações na produção global de arroz: A Meta-Analysis of Recent Empirical Studies. Jornal de Ciências Agrícolas, 15(3), 210-225.

Nkeki, F.N. e Akpu, B., 2023. Avaliação do impacto das cheias e cartografia da vulnerabilidade na Nigéria: A geospatial approach. Natural Hazards, 115(3), pp.2579-2603.

Nkwunonwo, U.C., Whitworth, M. e Baily, B., 2020. Uma revisão do estado atual da modelação de inundações para a gestão do risco de inundações urbanas nos países em desenvolvimento. Scientific African, 7, p.e00269.

Notti, D., Giordan, D., Caló, F., Pepe, A., Zucca, F., & Galve, J. P. (2018). Mapeamento de inundações em áreas vegetadas usando dados Sentinel-1 e ALOS-2: O estudo de caso do rio Pó. Sensoriamento Remoto do Meio Ambiente, 217, 429-441.

Nwilo, P. C., Olayinka, D. NandAdzandeh, A. E., (2012). Revista global de Ciências Sociais Humanas. 12(3) 1-7

Odeh, O. (2014). Catástrofe das cheias de 2012: A Nigéria ainda não está livre. Daily Independent. Disponível em: http://dailyindependentnig.com/2014/03/2012-flood-disaster-nigeria-still-not-free/

Odidi, G. (2012). Catástrofe das cheias: Muitas dores, poucas soluções. The Nigerian Voice. Disponível em: http://www.thenigerianvoice.com/news/99681/1/flood-disaster-many-pains-few-solutions.html

Odufuwa, B.O., Adedeji, O.H., Oladesu, J.O., e Bongwa, A., 2012, Floods of fury in Nigerian cities (Inundações de fúria nas cidades nigerianas). Jornal de Desenvolvimento Sustentável 5(7), 69-79

Ogbu O., Idoga, S., Abagyeh, S. O. e Usman, J. (2019). Avaliação da aptidão das terras dos solos das zonas húmidas de Obukiyo, Oju LGA do Estado de Benue, Nigéria, para a produção de arroz (Oryza sativa). Nigeria Journal of Soil Science, 29 (2): 7-17.

Ogwuche, J.A. e I.A. Abah, (2014). Avaliação da vulnerabilidade a desastres de inundação para o programa de seguro contra inundações em partes da planície de inundação de Makurdi, Estado de Benue, Nigéria. Donnish J. Ecol. Nat. Ambiente, 1: 001-005

Okoruwa, E. (2014). O GF instala 307 sistemas de alerta de cheias em todo o país. Leadership. Disponível em: http://leadership.ng/news/378685/fg-installs-307-flood-warning-systems-nationwide

Okoye, C.B. e Ojeh, V.N., 2021. Mapeamento da vulnerabilidade a inundações decorrente da alteração do uso/cobertura do solo em Calabar, Nigéria. GeoJournal, 86(4), pp.1883-1896.

Oladejo, A. M. (2022). Implicações económicas do sistema ambientalmente inteligente de intensificação do arroz na Nigéria. Journal of Sustainable Development, 15(6), 1. https://doi.org/10.5539/jsd.v15n6p1

Ologunorisa, E.T. (2004). An assessment of flood vulnerability zones in the Niger Delta, Nigeria, International Journal of Environmental Studies, 61 (2)31-38

Ologunorisa, T., Kabari, M. e Abimbola, K., 2020. Perceção e gestão do risco de inundações na Nigéria: A situational analysis. Revista Internacional de Investigação Científica e de Engenharia, 11(2), pp.979-987.

Olomola, A.S., Mogues, T., Olofinbiyi, T., Nwoko, C., Udoh, E., Alabi, R.A., Onu, J. e Woldeyohannes, S., 2020. Agriculture, Rural Poverty and Income Inequality in Nigeria (Agricultura, Pobreza Rural e Desigualdade de Rendimentos na Nigéria). Documento de Trabalho 60 do NSSP. Washington, DC: Instituto Internacional de Investigação sobre Políticas Alimentares (IFPRI).

Olorunfemi, F., & Raheem, U. (2021). Agricultura de várzea e segurança alimentar: Uma abordagem de nexo para o desenvolvimento sustentável na Nigéria. Revista Internacional de Sustentabilidade Agrícola, 19(4), 287-299.

Olorunfemi, F.B., Gbadegesin, A.S., Raheem, U.A., Aderogba, K.A., Raheem, T.O., Eludoyin, O.S. e Akinwale, O.T., 2023. Impactos socioeconómicos das inundações de 2022 na Nigéria. Jornal Internacional de Redução do Risco de Catástrofes, 88, p.103522.

Orngu, L. A., & Aker, M. (2023). Avaliando o impacto das inundações de 2022 na produção de arroz no estado de Benue, Nigéria. Jornal de Estudos Ambientais do Estado de Benue, 9(2), 80-95.

Oruonye, E. D., (2015). Mapeamento da paisagem de risco de inundação na metrópole de Jalingo, Estado de Taraba, Nigéria.International Journal of Innovative Environmental Studies Research. 3(2),36 - 46. ISSN: 2354-2918. Retirado de: www.seahipub.org.

Oyinloye, M., Olamiju, O. e Oyetayo, B., 2022. Avaliação da vulnerabilidade às inundações em Ado-Ekiti, Nigéria. Environmental and Socio-economic Studies, 10(1), pp.11-25.

Ozor, N., & Akpan, F. (2020). Alterações climáticas e a resiliência da cultura do arroz na Nigéria: A review. Environmental Science and Pollution Research, 27(21), 26471-26482.

Ozturk, M., Altay, V., & Gul, A. (2021). Riscos de inundações e gestão no contexto das alterações climáticas: Aspectos agrícolas e ambientais. Sustentabilidade, 13(9), 5174.

Patrick, W.U. (2020). De terreno baldio a zona húmida. York Distinguished Lecture Series, Universidade da Flórida, FL, pp 3 - 14.

Patton, M. Q. (1999). Enhancing the Quality and Credibility of Qualitative Analysis (Melhorar a Qualidade e a Credibilidade da Análise Qualitativa). Journal of Health Services Research, 3(4), 1189-1208.

Penning-Rowsell, E.C. & Chatterton, J.B. (1979). The Benefits of Flood Alleviation: A Manual of Assessment Techniques. 1ª ed., Gower Technical Press, Reino Unido.

Pereira, L., Ziervogel, G., & Pelling, M. (2021). Aumentando a resiliência em sistemas agrícolas propensos a inundações por meio de estratégias adaptativas de gestão da água. Ciência da Sustentabilidade, 16(2), 275-289.

Piya L., Maharjan K. L., Joshi N. P. (2012). Vulnerabilidade das famílias rurais às alterações climáticas e aos extremos: Análise dos agregados familiares de Chepang em Mid-Hills do Nepal. Documento selecionado preparado para apresentação na Associação Internacional de Associação Internacional de Economistas Agrícolas (IAAE) Conferência Trienal no Brasil, 18-24

Rahman, M. M., & Ahmad, S. (2022). Risco de inundação e adaptação na paisagem agrícola do Bangladesh: Evidence, challenges and way forward. International Journal of Disaster Risk Reduction, 67, 102666.

Ray-Bennett, N.S, Corsel D, Goswami, N. (2019). Explorando os desafios e oportunidades em torno da saúde reprodutiva em desastres em Belkuchi Upazila, Bangladesh. Londres: IPPF.

Rose, E.D., Johnson, A.O. &Abubakar, I. (2014). Avaliação do risco de inundação das planícies de inundação DEP do rio no centro-norte da Nigéria. Int. J. Water Resources Environ. Eng., 6: 67-72

Rosenzweig, C., Mbow, C., Barioni, L. G., Benton, T. G., & Herrero, M. (2020). As respostas às alterações climáticas beneficiam de uma abordagem global do sistema alimentar. Nature Food, 1(2), 94-97.

Saito, K., Dieng, I., & Adam, M. (2020). Tendências e restrições do cultivo de arroz na África Subsaariana: A Comprehensive Review. Jornal Africano de Investigação Agrícola, 15(2), 78-94.

Sanyal, J., & Lu, X. X. (2020). Mapeamento do risco de inundação baseado em SIG no Sul e Sudeste Asiático: An overview. Earth-Science Reviews, 193, 98-113.

Sarker, M. N. I., Wu, M., Alam, G. M., & Shouse, R. C. (2022). Resiliência dos meios de subsistência dos habitantes de ilhas ribeirinhas em face de desastres de inundação: Empirical evidence from Bangladesh. International Journal of Disaster Risk Reduction, 70, 102771.

Sauquet, E., Gottschalk, L., Krasovskaia, I., (2008). Estimating mean monthly runoff at ungauged locations: an application to France. Hydrology Research 39 (5-6), 403-423

Schneiderbauer, S. e Ehrlich, D. (2004) Risk, Hazard and People's Vulnerability to Natural Hazards: A Review of Definitions, Concepts and Data, Bruxelas: Comissão Europeia - Centro Comum de Investigação (CE-CCI). 62-69

Scoones, I, Chibudu, C., Chikura, S., Jeranyama, P., Machaka, D., Machanja, W., Mavedzenge, B., Mombeshora B., Maxwell M., Mudziwo, C., Murimbarimba, F., Zirezera, B. (1996). Riscos e Oportunidades; Meios de Vida Agrícolas em África de Terras Secas África: Lessons from Zimbabwe (Zed, Londres).

Scoones, I. (1998). Sustainable rural livelihoods: A framework for analysis. Documento de trabalho do IDS 72.

Scoones, I. (2015). Meios de subsistência sustentáveis e desenvolvimento rural. Fernwood Publishing.

Semaw, F., Zeleke, G., & Balew, A. (2022). Avaliação das práticas de gestão do risco de inundação e cartografia da vulnerabilidade na bacia hidrográfica de Alawuha (Zona Norte de Wollo, Etiópia) utilizando SIG e deteção remota. Applied Geomatics, 14(2), 347-367. https://doi.org/10.1007/s12518-022-00429-z

Sharma, A., Chen, J., & Young, C. (2020). A review of flood risk management and disaster risk reduction in developing countries. International Journal of Disaster Risk Reduction, 45, 101-162.

Siéwé, F., Egwuma, H., Ahmed, B., Sanni, A., Abu, S. T., Ojeleye, O. A., Nwahia, C. O., Choumbou, R. F. D., & Abdulahi, A. A. (2024). A Best-Bet System of Rice Intensification and Poverty Alleviation in Zamfara State, Nigeria: A Mixed Method Analysis. Agricultural Systems, 213. https://doi.org/10.1016/j.agsy.2023.103805

Smit, B., & Wandel, J. (2006). Adaptação, capacidade de adaptação e vulnerabilidade. Global Environmental Change, 16(3), 282-292.

Suleiman, Y.M, M.B. Matazu, A.A. Davids e M.C. Mozie, (2014). A aplicação de técnicas geoespaciais no mapeamento de risco de inundação e vulnerabilidade para a gestão de desastres em Lokoja, Estado de Kogi, Nigéria. J. Environ. Earth Sci., 4: 54-61.

Tambang Yengoh, G., F. A. Armah, E.F. EboOnumah, J.O. Odo. 2010. "Trends in Agriculturally-Relevant Rainfall Characteristics for Small-scale Agriculture in Northern Ghana". Jornal de Ciências Agrícolas, 2 (3): 3-16

Tendall, D. M., Joerin, J., Kopainsky, B., Edwards, P., Shreck, A., Le, Q. B., & Six, J. (2015). Resiliência do sistema alimentar: Definindo o conceito. Segurança Alimentar Global, 6, 17-23.

Tesi, G.O., Emetere, M.E., Ogbiye, A.S., Tenebe, I.T., Oye, Q., Oshin, O. e Tolu, O., 2022. Uma revisão dos modelos de avaliação do risco de inundação na Nigéria. Environmental Challenges, 8, p.100545.

The Guardian. (2013). Inundações na Nigéria testam planos de desastre do governo. Disponível: http://www.theguardian.com/global-development/2013/aug/28/nigeria-floods-disaster

Thorne, S. (1997). A arte (e a ciência) de criticar a investigação qualitativa. In: JM Morse, editorA qualitative project: details and dialogue. Thousand Oaks, CA: Sage.

Timothy K. (2011). Resultados da investigação sobre as inundações do outono de 2000-2001. Journal of Environmental Science. 5 (2) 58-72. Birkmann, J. (2006). Indicadores e critérios para medir a vulnerabilidade: base teórica

Tran, D. D., Weger, J., Nguyen, T. T., & Le, N. T. (2021). Avaliação da dinâmica das inundações e impactos na produção de arroz no Delta do Mekong, Vietname. Ciência do Ambiente Total, 773, 145538.

Tyoapine, D. S., & Ugbah, G. (2023). Estratégias de enfrentamento dos agricultores para inundações no estado de Benue, Nigéria: Um foco na produção de arroz. Benue State Journal of Environmental Management, 10(1), 65-80.

UNDRR. (2015). Quadro de Sendai para a Redução do Risco de Catástrofes 2015-2030. Gabinete das Nações Unidas para a Redução do Risco de Catástrofes.

Usman, J., Usman, M., Tekwa, I.J., Ogbu, O.J. e Azagaku, E.D. (2022). Influência dos níveis de inundação na produção de arroz de sequeiro na planície de inundação da Área de Governo Local de Awe do Estado de Nasarawa, Nigéria. Journal of Agriculture and Environment. 1(2), 17-18.

Walker, B., Holling, C. S., Carpenter, S. R., & Kinzig, A. (2020). Resiliência, adaptabilidade e transformabilidade em sistemas socioecológicos. Ecologia e Sociedade, 20(2), 19.

Wilson, R. S., Herziger, A., Hamilton, M., & Brooks, J. S. (2024). Da adaptação incremental à adaptação transformadora nas respostas individuais aos riscos agravados pelo clima. Nature Climate Change, 14(1), 7-19.

OMM. (2021). Diretrizes sobre serviços de previsão e alerta baseados no impacto de múltiplos perigos. Organização Meteorológica Mundial.

Yaduvanshi, N.P.S., Sharma, D.R., Pareek, N. e Chaudhary, M., 2019. Impacto do alagamento nas propriedades do solo e na produção agrícola no noroeste da Índia. Em Gestão da Fertilidade do Solo para o Desenvolvimento Sustentável (pp. 201-220). Springer, Singapura.

Yusuf, O. A., & Nwankwo, C. (2023). Impacto das inundações na produção de arroz na Nigéria: Lessons from the 2020 Floods. Nigerian Agricultural Journal, 15(1), 95-110.

Zhang, X., Zhao, Y., Xu, Y., & Wang, C. (2023). Estratégias de adaptação agrícola às alterações climáticas: Uma revisão sistemática global. Land Use Policy, 126, 106544.

Zhang, Y., Wang, L., & Liu, X. (2021). Padrões globais de cultivo de arroz: Analisando os impactos do clima e da política na produção de arroz. Global Agricultural Review, 9(4), 450-468.

APÊNDICE

Questionário sobre a *avaliação do efeito das inundações de 2022 na produção de arroz na planície de inundação da cidade de Buruku*

Escola de pós-graduação

Departamento de Geografia,

Faculdade de Ciências do Ambiente,

Universidade Estatal de Benue, Makurdi,

Data:

Caro inquirido

Sou um estudante do último ano da instituição acima mencionada e, como parte do requisito para a atribuição de um Mestrado em Geografia [Gestão Ambiental e de Recursos], estou a realizar um projeto de investigação sobre o tema: "**Avaliação do *efeito das cheias de 2022 na produção de arroz na planície aluvial da cidade de Buruku"***. Para me permitir atingir este objetivo, solicito a vossa colaboração no preenchimento e devolução deste questionário. Garanto-vos que todas as informações que obtiver de vós servirão apenas para este fim e serão tratadas de forma estritamente confidencial.

Com os

melhores cumprimentos,

Vihishima, Francis Sesugh
BSU/EN/GEO/M.SC/19/0232

SECÇÃO A: CARACTERÍSTICAS DO INQUIRIDO

INSTRUÇÃO: *Indicar as informações adequadas com ( ) √*

Instruções: Assinale (√) a resposta correta entre as opções fornecidas.

Secção A: Caraterísticas demográficas e sociais dos inquiridos

1. Sexo: a. Masculino [ ] b. Feminino [ ]

2. Idade: a. 18-29 [ ] b. 30-39 [ ] c. 40-49 [ ] d. 50-59 [ ] e. 60 e mais [ ]

3. Estado civil: a. Solteiro [ ] b. Casado [ ] c. Viúvo [ ] d. Viúva [ ] e. Divórcio [ ]

4. Habilitações literárias a. Sem educação formal [ ] b. Nível primário [ ] c. Nível secundário [ ] d. Nível superior [ ]

5. Ocupação dos inquiridos a. Agricultura [ ] b. Comércio [ ] c. Artesãos [ ]

SECÇÃO B: EFEITO DAS INUNDAÇÕES DE 2022 NA PRODUÇÃO DE ARROZ NA PLANÍCIE ALUVIAL DA CIDADE DE BURUKU

6. Quais são os tipos de variedades de arroz cultivadas pelos agricultores na zona de estudo?

a. FARO 66 (MAIRUWA) [ ]

b. FARO 44 (SIPI) [ ]

c. FARO 52 (WITA-4) [ ]

d. FARO 15 (FRRS-162-8) [ ]

e. FARO 46 (ITA 150) [ ]

7. Qual era a dimensão da sua exploração agrícola em hectares?

a. 0-0,5 Hectares [ ]

b. 0,6-1 Hectares [ ]

c. 1,1-1,5 Hectares [ ]

d. 1,6-2 Hectares [ ]

8. Quais são as distâncias da sua exploração agrícola ao rio?

a. 0-50m [ ] b. 51-100m [ ] c. 101m-150m [ ] d. 151-200m

9. Qual era o número de sacos de arroz realizados antes das cheias de 2022

10. Qual foi o número de sacos de arroz realizados em 2022 após a inundação?

11. Qual era a altura da planta do arroz cultivado na sua exploração?

a. 80cm e menos [ ] b. 90-100cm [ ] c. 100-110cm [ ] d. 110-120cm [ ]

e, 130cm e acima [ ]

12. Em que mês é que plantou o arroz?

a. janeiro/fevereiro [ ]

b. março/abril [ ]

c. maio/junho [ ]

d, julho/agosto [ ]

e, setembro/outubro [ ]

13. Em que período é que colheu o arroz?

a. 100-110 dias[ ] b. 111-120 dias [ ] c. mais de 120 dias[ ]

14. Quantas vezes cultiva a sua exploração de arroz?

a) Uma vez por ano [ ]
b) Duas vezes por ano [ ]

15. Que papel desempenha a produção de arroz na vossa comunidade?

a) A produção de arroz constitui uma fonte de matérias-primas mais barata [ ]
b) A produção e a utilização do arroz aumentam a preferência alimentar [ ]
c) Aumentar o acesso dos agricultores à informação sobre o arroz [ ]

d) Verifica-se um aumento das actividades comerciais [ ]
e) Aumentar a segurança alimentar do agregado familiar [ ]

16. Que factores considera que mais influenciaram a produção de arroz na sua comunidade?
a. Regime de humidade favorável [ ]
b. Estado do solo [ ]
c. Alto rendimento [ ]
d. Baixo nível de pragas e doenças [ ]
e. Elevado valor económico [ ]

Secção C: Estratégias de resposta adoptadas pelos produtores de arroz na planície aluvial da cidade de Buruku

17. Quais são as estratégias de sobrevivência que os produtores de arroz estão a utilizar para se adaptarem às inundações na sua comunidade?
a. Colheita precoce [ ]
b. Mudança para um terreno mais elevado [ ]
c. Aterro temporário/camalhões [ ]
d. Diversificação dos rendimentos [ ]
e. Rede social/apoio da comunidade [ ]

MIX
Papier aus verantwortungsvollen Quellen
Paper from responsible sources
FSC® C105338

Printed by Books on Demand GmbH, Norderstedt / Germany